ROB 8M

Wäre Malcolm Sayer nicht in der Blüte seiner Jahre von uns gegangen, und das just in einem Moment, als er das Jaguar-Design in neue Bahnen lenkte, hätte er bestimmt weitere bahnbrechende Formen zu gestalten gewusst. Wenigstens können wir uns an der Modellreihe erfreuen, zu der Malcom Sayer 1954 mit dem D-Type die Grundlage legte und die letztlich zum Jaguar E-Type führte. Mit seinem ausgefeilten Design, seiner brillanten Technik und seinem damals geringen Preis zählt der E-Type ohne Zweifel zu den ikonischsten Sportwagen der Automobilgeschichte. Dieses Buch soll diesen Erfolg feiern.

Anmerkung des Autors

Angesichts der zeitlichen Abfolge der Entwicklung des E-Type und der verschiedenen Prototypen und Rennfahrzeuge, die ihm vorausgingen, ließ es sich nicht vermeiden, dass es zu Überlappungen in Detailfragen kommt. Einige kleinere Wiederholungen wurden im Text stehengelassen, um bei den Erläuterungen zu verschiedenen Modellen keine Lücken entstehen zu lassen.

Glen Smale
April 2007

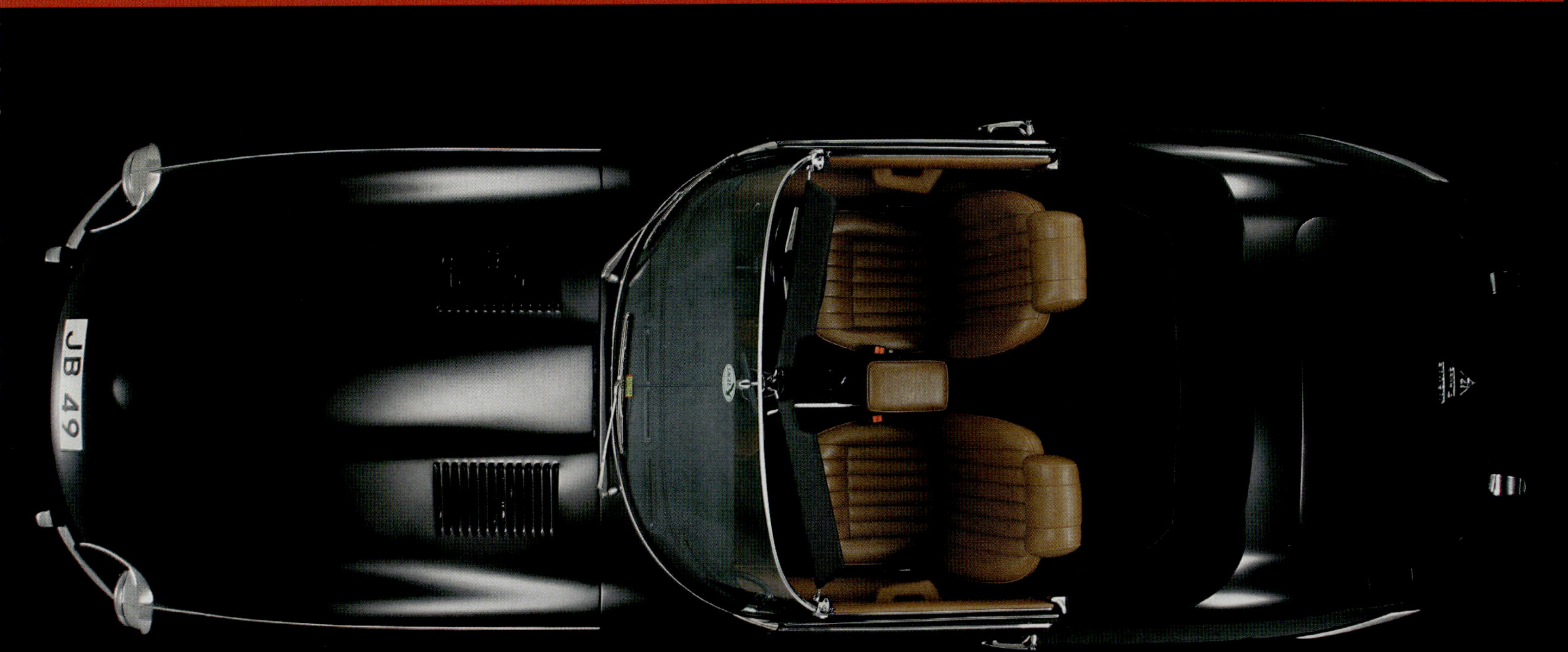

X.K.140
JAGUAR
COVENTRY · ENGLAND

Frühe Jaguar-Sportwagen

„Sportwagen sollten andere Emotionen hervorrufen als gewöhnliche Autos. Sie sollten viel aufregender sein, sie sollten das Adrenalin im Charakter des Fahrers widerspiegeln.“

Julian Thomson – Chefdesigner, Abteilung Vorausdesign, Jaguar Cars

1935	1937	1945	1948	1954	1957
S.S.90 2½-Litre S.S.100 2½-Litre	SS100 3½-Litre	Jaguar zieht in die Browns Lane	XK 120 Open Two Seater	Oktober: XK 140	Mai: XK 150

Vorkriegsgeschichte

Heute lässt einen der Name Jaguar an Tempo und Kraft denken, an flache, schlanke Sportwagen; das war aber nicht immer so. Firmengründer William Lyons war in der Tat mehr am Bau von Limousinen in größerer Stückzahl denn an der Herstellung von Sportwagen interessiert, er wusste aber auch sehr genau um das Prestige, das ein Sportmodell im Produktprogramm mit sich brachte.

Im frühen 20. Jahrhundert war die Stadt Blackpool in der Grafschaft Lancashire an der englischen Nordwestküste gelegen, eher als beliebtes Urlaubsziel von tausenden von Touristen und für den nicht weit entfernt befindlichen weltberühmten Golfplatz von Lytham St. Anne`s bekannt. Zu Beginn der 1920er Jahre trat dort aber ein Unternehmen erstmals in Erscheinung, das sich in weiten Teilen der modernen Welt einen ausgezeichneten Ruf erwarb.

1922 gründeten William Walmsley und William Lyons gemeinsam eine Seitenwagen-Manufaktur, die Swallow Sidecar Company, die sich letzten Endes als Sprungbrett für Lyons`s Traum vom eigenen Auto erwies. Die ab 1926 Swallow Sidecar and Coachbuilding Company und ab 1928 Swallow Coach Building Company genannte Firma war für die beiden Partner erst der Anfang und sollte für den jungen Lyons zur wertvollen Basis in seinen Bestrebungen werden.

1928 war der Umzug auf ein neues Grundstück im Stadtteil Foleshill von Coventry nötig, um mit der hohen Nachfrage Schritt zu halten. Während sich die Automobilproduktion erhöhte, zeigte sich, dass Lyons zwar neue Märkte erschließen und größere Stückzahlen erzielen wollte, Walmsley hingegen sich mit geringeren Umsätzen auf dem damaligen Niveau zufrieden gab. 1935 erfolgte eine Zäsur in der Unternehmensgeschichte, als die beiden Gründer schließlich beschlossen, getrennte Wege zu gehen und zugleich ein neuer Wachstumsschub mit der Einführung des „Jaguar" unter der Markenbezeichnung S.S. begann.

Im März 1935 führte S.S. Cars Ltd. den neuen S.S. 90 ein, einen flachen, zweisitzigen Sportwagen für den gut gestellten Fahrer, der ein Auto mit etwas mehr Pep suchte und danach strebte, bei den Passanten Aufmerksamkeit zu erregen. Nach jedem Maßstab hatten die Firmengründer Lyons und Walmsley ein erfolgreiches Automobil auf die Räder gestellt, das zudem mit einem sehr günstigen Preis lockte.

Der S.S. 90 basierte auf dem verkürzten Fahrwerk des S.S. 1 und war der erste Seriensportwagen des Hauses. Ein auch nach damaligen Begriffen erschwinglicher, über 140 km/h schneller Sportwagen, das war seinerzeit eine Marktlücke, die der S.S. 90 zu Preisen ab £ 395 füllte. Die Ziffer 90 in der Modellbezeichnung wies auf die Höchstgeschwindigkeit in Meilen pro Stunde hin, der Wert war aber, angesichts des 2663 ccm großen Sechszylindermotors, etwas optimistisch, wie die Fachpresse zu berichten wusste.

1935 herrschte im Unternehmen Hochbetrieb; Bill Heynes trat im April des Jahres der Firma bei und konnte die Entwicklung des S.S. 90 Nachfolgemodells, des SS 100, übernehmen. Zweifellos hatten die Ingenieure mit dem 90

→ Ein früher SS 100, von *Autocar* in der Londoner Park Lane aufgenommen. Viele hielten das für das ideale Umfeld für diese Autos, doch schon bald stellten sich Erfolge im Motorsport ein.

↑ **Der SS 100 3½ Litre sah in jeder Umgebung berückend aus.**

viel gelernt, und was sie gelernt hatten, konnten sie am neuen SS 100 zur Anwendung bringen. Die Punkte waren mittlerweile aus dem Markennamen „S.S." verschwunden, da er nicht länger für Standard Swallow oder Swallow Sport stand, je nach persönlichem Geschmack, und eine Frage, die bis heute nicht beantwortet ist und sicherlich auch in Zukunft Anlass zu vielen Diskussionen geben wird. Ernest William (Bill) Rankin, der später Jaguars Werbeleiter wurde, war 1934 in das Unternehmen eingetreten und wurde mit der Aufgabe betraut, für die kommende neue Sportwagenbaureihe einen Namen zu finden. Rankin schlug, in Abstimmung mit der Werbeagentur Nelson Advertising Agency, die Bezeichnung „SS Jaguar" vor, die bei Lyons Billigung fand.

Der 2,5-Liter SS 100 wurde im September 1935 eingeführt und war der Traum jedes Autofans; zu Beginn kostete der Wagen ebensoviel wie sein Vorgänger S.S. 90. Doch erst der SS 100 mit 3,5-Liter-Maschine, der im September 1937 auf den Markt kam, revolutionierte den Sportwagenmarkt. Mit dem 125 PS starken, 3485 ccm großen Motor, kam der hübsche SS 100 auf echte 160 km/h, und das für ganze £ 445. Um diese Zahl in Relation zu setzen: 1938 belief sich in Großbritannien der durchschnittliche Wochenverdienst eines Mannes auf £ 3,45, hochgerechnet £ 180 im Jahr; wer einen SS 100 erwerben wollte, musste also rechnerisch zweieinhalb Jahreslöhne auf den Tisch legen.

In der Vorkriegszeit sah der wöchentliche Fahr-Plan des normalen Sportwagenbesitzers so aus, dass er vielleicht montags bis freitags mit dem Wagen ins Büro fuhr und sich am Wochenende auf das sportliche Terrain der nächstgelegenen Rennstrecke oder auf einen schnellen Ausritt auf die Landstraßen seiner Gegend begab. Ein Sportwagen wollte gefahren, nicht unter einer Baumwollplane verborgen oder nur zu Einkaufsfahrten herangezogen werden. Die Natur des Vorkriegssportwagens war so beschaffen, dass man mit ihm zu einer Rennstrecke fahren und ihn dort für den Renneinsatz präparieren konnte. Dazu ließen sich vom Fahrer Kotflügel, Stoßstangen und zumeist auch die Windschutzscheibe demontieren. Man installierte eine kleine Aero-Rennscheibe und das Auto war praktisch für den Amateur-Rennsport einsatzbereit.

↑ **Zwei SS 100 (Startnummern 24 und 12) in Donington vor dem Start zu einem SS-Clubrennen; Startnummer 1 ist ein älterer SS 1.**

Diese Flexibilität war die Essenz des Sportwagens, der seinen Namen schließlich und endlich von der Tatsache herleitete, dass man ihn für sportliche Aktivitäten hernehmen konnte.

Nach Kriegsende 1945 zog das Werk erneut um, jetzt in sein besser bekanntes neues Domizil in der Browns Lane in Coventry. Bis zur Wiederaufnahme des Motorsports sollte noch einige Zeit ins Land gehen. Als es aber soweit war, hatte sich die Szene gewandelt. In den späten vierziger, frühen fünfziger Jahren brauchte man einen moderneren Sportwagen, der nach mehr Präparation verlangte, wollte man sich Siegchancen ausrechnen, und das Ganze wurde deutlich kostspieliger. Die Rennsportautos wurden zunehmend spezialisierter, und nur noch selten fanden nun Autos Verwendung, die alltagstauglich waren und sich dennoch an den Wochenenden zum Rennfahrzeug umrüsten ließen.

In der Folge teilte sich das Lager der Sportwagenfahrer in diejenigen auf, die die Autos professionell nutzten, und diejenigen, denen an einem Wagen von sportlichem Zuschnitt und ebensolchem Erscheinungsbild gelegen war. Die Rolle des Sportwagens hatte sich gewandelt, einerseits hin zum echten Motorsportfahrzeug, andererseits hin zum komfortableren, aber dennoch schnellen und leistungsstarken Sportfahrzeug für den Alltag. Wer sich für letztes entschied, konnte sich diese Fantasie oder Leidenschaft leisten und entschied sich daher für mehr Bequemlichkeit und das schlanke, attraktive Design eines sportlich auftretenden Autos. So entstand die Klasse des Hochleistungsfahrzeugs, dessen sportliches Aussehen und Modebewusstsein die gesellschaftliche Stellung des Eigners betonte und zu höherem Ansehen unter seinesgleichen verhalf.

XK 120

Einer der ersten Schritte in diese Richtung bestand für Jaguar in der Einführung des neuen XK-Motors. Der unter dem wachsamen Auge von Jaguar-Technikdirektor Bill Heynes entwickelte DOHC-Motor mit zwei obenliegenden Nockenwellen war in der Hauptsache das Werk von Wally Hassan und Claude Bailey. Das neue, in erster Linie für die

↓ **Dieser XK 120 mit Aluminiumkarosserie war auf der Earls Court Motor Show des Jahres 1948 ausgestellt.**

neue Jaguar Mark VII Limousine bestimmte Triebwerk verlangte nach Erprobung; so entstand der XK 120. Die Entwicklungsgeschichte des XK 120 ist ausgesprochen bemerkenswert, zieht man in Betracht, dass sich die äußere Formgebung unter der Ägide von Bill Lyons in nur zwei Wochen vollzog.

Für die Earls Court Motor Show des Jahres 1948 passte man den gewöhnlichen Rahmen einer Mark V Limousine dem neuen XK-Motor und der 120er-Karosserie an. Diese bestand anfangs aus Aluminium, weil der Werkstoff relativ leicht und auch nach dem Krieg in großer Menge vorhanden war und, anders als Stahlblech, keinerlei Rationierung unterlag; in gut sechs Wochen war der Prototyp fertig. Bill Lyons rechnete mit einer ersten Serie von lediglich 200 XK 120 OTS (Open Two-Seater = offener Zweisitzer), denen er, eine entsprechende Nachfrage vorausgesetzt, weitere Kleinserien folgen zu lassen gedachte. Die Reaktion des Publikums fiel aber dergestalt aus, dass Lyons noch vor Ende des Salons einen Vertrag mit Pressed Steel in Oxford schloss, da eine höhere Stückzahl eindeutig vonnöten sein würde.

Brian Martin, 1949 Lehrling in der Versuchsabteilung, erinnert sich: „Sir William Lyons betrachtete den XK 120 im Grunde als Mittel, die Maschine, die in die große Limousine kommen sollte, zu erproben, und die große Limousine sollte das Geld einfahren, der Mark VII."

Es vergingen dann allerdings fast zwölf Monate, ehe die ersten Serienexemplare in der zweiten Jahreshälfte 1949 ausgeliefert werden konnten; zuvor demonstrierte man der Presse, wozu der neue Sportwagen imstande war. Der Sportwagenmarkt der frühen Nachkriegszeit war so beschaffen, dass die meisten Journalisten und Kunden nicht glauben konnten, dass ein Serienauto die Werksangabe von 120 Meilen pro Stunde oder 193 km/h erreichen könne, ohne dass dabei die Zündkerzen verrußten und das Auto im Stadtverkehr schlecht zu fahren sei. Jaguar zeigte 1949 den versammelten Medien und jedem, der zuschauen wollte, auf der Jabbeke-Autobahn in Belgien, dass der Wagen in der Tat in beiderlei Hinsicht die Werksangaben erfüllte; im Durchschnitt aus zwei Messungen kam das praktisch serienmäßige Auto auf einen Schnitt von etwas über 200 km/h. Wirklich bemerkenswert für ein Auto, das

↑ Diese zeitgenössische Presseaufnahme des Aluminium-XK-120 zeigt die adrette Linienführung des Sportwagens. Der XK 120 soll dem Werk im Export insgesamt 40 Millionen US-Dollar eingebracht haben, nicht schlecht für ein Auto, das eigentlich nur als Erprobungsträger für einen neuen Motor gedacht war.

↑ Ian und Pat Appleyear neben dem berühmtesten XK 120 mit dem Kennzeichen NUB 120, den sie in zahlreichen Rallyes fuhren.

in Großbritannien netto £ 998 und inklusive aller Steuern £ 1263 kostete.

Mit dem XK 120 erhielt der Kunde ein weit komfortableres, geräumigeres und insgesamt benutzerfreundlicheres Auto als es bei einem Vorkriegssportwagen nach Art des SS 100 der Fall gewesen wäre. Der XK 120 war auch wesentlich größer, besaß einen praktischen Kofferraum für die Reise und den deutlich leistungsstärkeren XK-Motor mit zwei obenliegenden Nockenwellen. Zudem sah er blendend aus, da ließ es sich verschmerzen, dass er auch wesentlich teurer war als der SS 100.

Die Mehrzahl der frühen XK 120 mit Aluminiumkarosserie ging in die USA, das blieb auch so, als die Variante mit Stahlblechkarosserie in Produktion ging. William Lyons hielt sich nicht nur an die mit dem Handelsministerium getroffenen Vereinbarungen und exportierte den größten Teil seiner Autos, er hatte zudem auch keinerlei Mühe, die Wagen in den Staaten abzusetzen. Der Schauspieler Clark Gable erwarb insgesamt drei XK 120; wenn solche Berühmtheiten soviel Begeisterung für ein Auto zeigen, ist das auf jeden Fall eine ausgezeichnete Werbung für den Hersteller. Siege im Motorsport taten ein Übriges, das Interesse der Prominenten zu erwecken; und da erfolgreiche Menschen im Mittelpunkt der Aufmerksamkeit stehen, war auch das ein Bonus für Jaguar.

Brian Martin: „Ich glaube, dass niemand, nicht einmal er [Sir William Lyons] selbst, damit rechneten, dass der XK so ein Erfolg werden würde, insbesondere auf dem amerikanischen Markt, wo die meisten Exemplare abgesetzt wurden. Ich kann mich daran erinnern, dass man beim Produktionsbeginn des XK nur sehr, sehr selten einen Rechtslenker am Montageband sah und ich erinnere mich an Reihe um Reihe von Autos, die auf die Verschiffung warteten, und alle waren US-Ausführungen."

Die amerikanischen Kunden legten bei Autos großen Wert auf klingende Namen wie Ford Sportsman, Lincoln Continental, Studebaker Starlight Coupe, Cadillac Eldorado und so weiter. Max Hoffman, der in New York ansässige Autoimporteur, behauptete stets, dass die Amerikaner keine Modellbezeichnungen aus Zahlen und Buchstabenkürzeln mochten und suchte die Hersteller von dieser Wahrheit zu überzeugen. Warum also störten sich die Amerikaner nicht an der Bezeichnung XK 120, die für den

Vom Rennfahrzeug zum Serienprototyp

Der Jaguar: Panthera Onca – ein Mitglied der Familie der Katzen, die größte Katze der westlichen Hemisphäre und bekannt für seine Schnelligkeit, Geschmeidigkeit, Kraft, Anmut … und Schönheit.

Autor

1950/51	1953	1954	1955	1956	1957	1958/59
Malcolm Sayer kommt zu Jaguar C-Type-Sieg in Le Mans	C-Type-Sieg in Le Mans	Vorstellung XK 140 in Earls Court	W. Lyons: Ritterschlag für Verdienste um GB-Exporte Erster Werkssieg mit dem D-Type	Ende der Jaguar-Werkseinsätze im Rennsport	D-Type-Triumph in Le Mans (Plätze 1, 2, 3, 4 und 6) E1A wird gebaut	E1A-Prototyp wird erprobt

Malcolm Sayer kommt zu Jaguar

1948 erhielt ein noch sehr junger Malcolm Sayer den Auftrag, die Ingenieursfakultät der Universität Bagdad zu organisieren. Zwei Jahre später stellte Jaguar-Technikchef Bill Heynes den jungen, aber bereits erfahrenen Sayer ein, der gerade von seinem kurzen Abstecher in den Mittleren Osten zurückgekehrt war; dort hatte ihn ein ebenfalls in Bagdad weilender deutscher Professor mit einigen interessanten Konstruktionsmethoden und Möglichkeiten vertraut gemacht. Sayers Arbeit für die Bristol Aircraft Company zuvor hatte ihm wertvolle Kenntnisse zur aerodynamischen Effizienz von Oberflächen und Formen eingebracht, was ihn, im Verein mit seinem am Loughborough College im englischen Leicestershire erworbenen Ingenieursdiplom befähigte, Luftströmungen und Oberflächenwiderstände besser zu interpretieren als die meisten Ingenieure der Autobranche.

Bei den 24 Stunden von Le Mans des Jahres 1950 waren zwei XK 120 auf die Plätze 12 (Peter Clark/Nick Haines) und 15 (Peter Whitehead/John Marshall in JWK 977) gekommen, ein Ergebnis, das zeigte, dass die Autos technisch robust genug waren, einem ganzen Tag Rennsporteinsatz standzuhalten. Mit einer speziellen, leichteren Karosserie wären sicherlich auch bessere Platzierungen möglich. Angesichts dieser Resultate mit praktisch der Serie entsprechenden Modellen ließ sich William Lyons davon überzeugen, dass ein Jaguar-Rennwagen durchaus die prestigeträchtigste Krone, die der Motorsport zu vergeben hat, gewinnen könnte.

Lyons war zwar nicht sonderlich auf den Rennsport erpicht, als aber die Entscheidung dafür gefallen war, fahndete das Werk nach eigenen Mitarbeitern, die auf diesem Gebiet Erfahrungen vorzuweisen hatten. Dazu zählten Wally Hassan, der zuvor für Bentley und den englischen Rennstall ERA gearbeitet hatte, Lofty England, der vor dem Krieg für ERA und Motorradbauer tätig gewesen war, sowie Malcolm Sayer und Phil Weaver, die von Bristol gekommen waren.

„Wir hatten eine Kerngruppe, die sich im Motorsport auskannte, es war aber nicht so, dass eine neue Abteilung unter einem bestimmten Chef aufgemacht wurde. Im Grunde sagte William Lyons: England, Ihre Aufgabe ist es,

↑ JWK 977, einer der frühen XK 120 mit Aluminiumkarosserie, errang wichtige Erfolge auf Strecken in ganz England und belegte 1950 in Le Mans unter Peter Whitehead und John Marshall in nahezu serienmäßiger Gestalt den 15. Gesamtplatz.

die Serviceabteilung zu leiten, Sie können sich aber ebenso gut auch um den Rennsport kümmern", erinnert sich Brian Martin.

Martin, der im April 1949 direkt von der Schulbank als Sechzehnjähriger zu Jaguar ging, weiter: „Jaguar wusste: Wenn man ernsthaft Motorsport betreiben wollte, dann brauchte man ein Fahrzeug, das konkurrenzfähiger war als der XK 120 mit seinem schweren Rahmen, und ich glaube hier machte sich Lofty Englands Einfluss im Rennsport geltend, und besonders Phil Weaver von Bristol war hilfreich. Die Konstruktion der damaligen Rennautos bestand in einem leichten Stahlrahmen und einer Aluminiumkarosserie darüber. Malcolm hat nur die Form gestaltet."

Als Malcolm Sayer zu Jaguar kam, erhielt er den Auftrag, den XK 120 für den Motorsport zu optimieren, ein Projekt, das sich unter Bill Heynes zu diesem Zeitpunkt noch im Anfangsstadium befand. Sayers schwierige Aufgabe bestand darin, die vorhandene XK-120-Technik mit einer neuen Karosserie zu versehen, die zwar stilistische Anklänge an den 120 aufwies, zugleich aber leicht genug sein musste, um im internationalen Sport Erfolge erzielen zu können. Jaguar wollte ein Auto haben, mit dem man die überlegenen Ferrari, Aston Martin, Mercedes und die übrigen großen Namen, die seit der Vorkriegszeit das Geschehen beherrschten, in die Schranken weisen könnte. Das klingt nach einem nicht allzu schwierigen Vorhaben, doch bei einem kleinen Unternehmen, wie es Jaguar 1950 war, besteht immer die Gefahr, dass die Beteiligten bei anderen Leuten anecken. In diesem speziellen Fall war es aber nicht Malcolm Sayer, der Gefahr lief, anderen in die Quere zu kommen. Er bemühte sich erfolgreich, ein Auto mit Siegchancen auf die Räder zu stellen, doch es kam zu Spannungen zwischen den beiden Abteilungen, die für den Bau und den Unterhalt dieser Wagen verantwortlich waren.

Lofty England war der für die Kundenautos zuständige Servicemanager, er war aber auch das für Servicefragen verantwortliche Mitglied der Jaguar-Chefriege. Da er sich in dieser Funktion auch um die Jaguar-Motorsportkunden zu kümmern hatte, machte ihn Lyons auch zum Rennleiter des Werks. Diese Situation ließ Bill Heynes und Lofty England, die laut Zeitzeugen „nicht miteinander auskamen", aneinander geraten. In Bill Heynes' Zuständigkeit fielen der Bau der Autos und die Rennwerkstatt, während Lofty mit der Wartung dieser Wagen betraut war, und zwar sowohl der Kunden- als auch der Werkswagen. Es ist ohne weiteres nachvollziehbar, dass sich Rennleiter und Herstellungsleiter ins Gehege kommen konnten, wenn irgendein drängendes Problem anstand, das die Rennabteilung lösen musste.

„Diese Situation führte zu zahlreichen Konflikten zwischen den Beteiligten, der Abteilung, die die Autos baute, und der Abteilung, die die Autos benutzte, namentlich im Rennsport. Wie wir die Autos bauten und wie wir sie warteten, hatte nichts damit zu tun, wie wir sie einsetzten, daher gab es diese Spannungen zwischen den Verantwortlichen", so Brian Martin.

← Le Mans 1953 – Lofty England diskutiert mit dem im Wagen sitzenden Duncan Hamilton irgendeine Frage. Im Hintergrund, teilweise verdeckt, Tony Rolt.

Die Frage der Zuständigkeit für die Wartung der Rennfahrzeuge war für Lofty und für Jaguar äußerst belangreich und außerdem eine Frage, die für William Lyons zunehmend in den Mittelpunkt rückte, da der Sport dem Werk gute Publicity einbrachte. Asse wie Duncan Hamilton, Peter Whitehead, Peter Walker und andere kauften zwar ihre Rennautos, ließen sie aber im Werk warten. Martin erläutert: „Die Autos gehörten den Kunden, nicht dem Werk. Der „Alte" legte großen Wert darauf, dass seine Aufgabe darin bestand, Autos zu verkaufen und nicht darin, auf nicht verkauften Autos zu sitzen."

Der C-Type nimmt Gestalt an

Als Sayer zu Jaguar kam, verhielt es sich laut Brian Martin, der an den Vorserien-XK 120 mit Aluminiumkarosserie gearbeitet hatte, so: „Den C-Type gab es noch nicht, er befand sich noch in der Konstruktion." Die Entwicklung des Leichtbau-Rennwagens war eben erst angestoßen worden und Sayer stellte den Entwurf fertig, überwachte den Bau und versah das von Heynes und seinem Team entwickelte Chassis mit einer Hülle.

Gemäß den Jaguar-Benennungskonventionen stand das X für „Experimental", und wie uns die Geschichte gelehrt hat, bezog sich das K auf den Sechszylinder mit seinen beiden obenliegenden Nockenwellen, der den XK 120 antrieb. Intern hörte Sayers erster Rennwagen-Prototyp auf XK-120-Basis auf die Bezeichnung XK 120 C oder XKC, wobei das C für „Competition" stand.

Durch den Verzicht auf den schweren Stahlrahmen des XK 120 fiel die Aufgabe, dem Wagen Robustheit und Verwindungssteifigkeit zu verleihen, dem neuen Leichtbau-Gitterrohrrahmen zu. Um das Gewicht noch weiter zu senken, bestand dieser Rahmen aus Rohren unterschiedlicher Stärke, je nach den an den einzelnen Rahmenpartien auftretenden Belastungen. Sayer stülpte dann eine Aluminiumhaut über einen verschweißten Trägerrahmen, welche einfach nur den Chassisrahmen abdeckte, ohne dem Ganzen in irgendeiner Weise zusätzliche Steifigkeit zu geben.

Um aber einer Familienähnlichkeit zwischen dem Rennfahrzeug und dem Auto auf dem es basierte Ausdruck zu verleihen, glättete Sayer die vertrauten Linien des prächtigen 120 und schuf eine fließende Stromlinienform mit sehr viel geringerem Luftwiderstand. Die Stirnfläche des neuen Rennautos war zwar nicht wesentlich kleiner als die des XK 120, doch machten die glatte Karosserie und die Leichtbaukonstruktion den XKC sehr schnell.

Ein Hindernis bei der Gestaltung des XKC bestand für Malcolm Sayer in dem aufrecht stehenden Kühlergrill des XK 120, an dem man im Interesse der gewünschten Familienähnlichkeit festhalten musste, während Sayer zugleich daran gelegen sein musste, die Form so windschlüpfig wie irgend möglich zu gestalten. Der hohe Grill diktierte die Grundform des Autos und gab das Maß für die Höhe der Karosserie vor, was Sayer zweifellos frustrierte; an späteren Modellen beseitigte er dieses Hindernis, wie wir noch sehen werden.

↓ **Chassis, Motor und Fahrwerk von C-Type XKC051, mit dem Duncan Hamilton 1953 in Le Mans gewann.**

← **Beifall für Wagen Nummer 20, den Jaguar C-Type (XKC003), der unter Peter Walker und Peter Whitehead 1951 bei seinem Renndebüt die 24 Stunden von Le Mans gewann.**

Der C-Type, wie das Auto allgemein genannt wurde, diente einzig und allein dem Zweck, die 24 Stunden von Le Mans zu gewinnen. Für Sir William Lyons war dies das einzige Rennen, das zählte. Le Mans war das eine Rennen, dem die britische Öffentlichkeit das größte Interesse entgegenbrachte, und natürlich war auch die automobile Szene in anderen Ländern fasziniert von der nötigen Ausdauer und den Steherqualitäten, die dieses klassische Rennen Menschen wie Technik abverlangte. Ein Sieg in Le Mans würde für Jaguar bedeuten, dass der eigene Name in der gesamten internationalen Presse Erwähnung fände; das durch einen derartigen Erfolg gewonnene Prestige war sein Gewicht in Gold wert.

Dieser Augenblick sollte früher kommen, als viele erwarteten, denn schon Le Mans 1951 sollte, nach gerade einmal zwölf Monaten in Betrieb, den Wert von Malcolm Sayers Aerodynamik und Bauweise erweisen. Zwar kam nur einer der drei offiziellen Werkswagen ins Ziel, doch landete der Wagen von Peter Walker und Peter Whitehead auf dem ersten Platz. Daneben verkürzten Stirling Moss

↓ **Dies ist der C-Type, mit dem der Jaguar-Siegeszug im Motorsport seinen Anfang nahm. Der senkrecht stehende Grill diente der Aufrechterhaltung einer gewissen Ähnlichkeit mit den XK 120 Sportwagen.**

und Jack Fairman den Rundenrekord um gleich sechs Sekunden. Für den Hersteller aus Coventry war Le Mans 1951 vielleicht das wichtigste Rennen überhaupt und markierte den Eintritt von Jaguar in die internationale Motorsportszene. John Maries, ab 1981 ranghoher Marketingmanager bei Jaguar, bestätigt dies: „Weil Le Mans bis heute wohl das einzige europäische Rennen ist, das auch bei den Amerikanern Beachtung findet."

So beeindruckend dieser erste Erfolg auch war, stellte er doch nur die erste Phase von Sayers Zauberkunst dar, denn bald schon nahm er die Arbeit am Nachfolger des C auf. In seinen Augen handelte es sich beim C-Type lediglich um eine Ableitung von einem vorhandenen Serienmodell; das Vergnügen, seinen ganz eigenen Entwurf konzipieren und bauen zu können, lag noch vor ihm. In den Worten Keith Helfets, Jaguar-Designer von 1978 bis 2002: „Obwohl der C-Type recht hübsch aussah, war er doch nur ein modifizierter XK. Der C-Type war tatsächlich ein spezieller 120 mit Rennsportkarosserie."

Potenzial und Leistung des XK-Triebwerks waren aber so ausgelegt, dass dieser Motor Eingang sowohl in die Serien- als auch in die Motorsportmodelle des Hauses fand. 1953 entstand ein Prototyp, der in der Rückschau als das evolutionäre Bindeglied zwischen dem C- und dem späteren D-Type gelten kann. Später wurde dieses Fahrzeug bisweilen als C/D bezeichnet, weil er entwicklungsgeschichtlich zwischen diesen beiden prächtigen Rennautos stand. Malcolm Sayer sprach stattdessen lieber vom XK 120 C Mark II. Die Nase war flacher, die Kotflügelrundungen waren stärker betont, was später auch zum Markenzeichen des D-Type wurde, aber auch den Vorteil bot, die Karosserie noch windschlüpfiger zu machen.

Der überragende D-Type

Zu sagen, dass der Jaguar XKD oder D-Type, wie er meistens genannt wird, vom C-Type abgeleitet war, würde den Fakten nicht gerecht werden. Tatsächlich übernahm der D-Type von seinem Vorgänger lediglich Motor und Antrieb; zweifellos stellte aber der C-Type den Vorläufer im Geiste für sämtliche folgenden Jaguar-Rennautos dar.

Auch der D-Type wurde explizit für den Motorsport entwickelt, namentlich als Speerspitze des Unternehmens in Le Mans. Er sollte die Mercedes, Ferrari, Aston Martin und Cunningham besiegen und Jaguar Ruhm und Ehre und natürlich die nicht zu überschätzende Werbewirksamkeit eines Sieges an der Sarthe einbringen. Vor allem aber war der D-Type ein wichtiger Schritt nach vorne in der Sportwagenentwicklung, dank der luftfahrttechnischen Ausbildung und Erfahrung Malcolm Sayers. Beim Bau des D-Type kam eine der typischen Methoden der Flugzeugherstellung zur Anwendung, nämlich das Vernieten und Verkleben von Aluminiumpaneelen. Ein einzigartiges und besonders robustes Monocoque-Mittelstück bildete von nun an den Kern der Jaguar-Sportwagen und signalisierte den Schritt weg vom Gitterrohrrahmen zu Monocoque-Konstruktionen.

↓ Dieser XK 120 C Mark II Prototyp von Malcolm Sayer zeigt, welche Richtung sein Design einschlug; das Auto steht stilistisch etwa in der Mitte zwischen dem C-Type und dem späteren D-Type.

Brian Martin erklärt: „Der D war der erste Versuch einer Monocoque-Konstruktion und das war ganz ohne Zweifel Malcolm Sayers eigentlicher Beitrag zum D, denn er brachte die Methoden des Flugzeugbaus in die Autoherstellung."

In der ganz eigenen Welt des Jaguar-Stylings und -Designs, wandelte Malcolm Sayer aber, ohne, dass er etwas dafür konnte, auf dem heiligen Boden, der das ureigene Terrain des Firmengründers darstellte. Keith Helfet: „Ich hege sehr große Bewunderung für den „Alten", aber ich glaube, dass Malcolm Sayer hier Sir William in die Design-Quere kam, denn das war seine Domäne, und nichts ging ihm über das Entwerfen von Formen. Zu Malcolm Sayers Unglück war Sir William nach außen hin stets die Verkörperung des Jaguar-Designs und er selbst hat eigentlich nie die Anerkennung für die Autos erfahren, die er entworfen hat."

Eine der wichtigsten Änderungen, die Malcolm Sayer vornahm, war der Übergang von einem senkrechten Jaguar-Grill wie bei XK 120 und XKC zu einem waagerechten beim D-Type, ein Merkmal, das auch noch heutige Jaguar-Sportwagen auszeichnet. Dadurch konnte er die Frontpartie flacher und die ganze Karosserie strömungsgünstiger gestalten und hatte eine kleinere Stirnfläche, die dem Wind weniger Widerstand entgegensetzte. Sayers aerodynamische Sorgfalt führte dazu, dass er den D-Type mit einem stärker abfallenden Heck versah und damit das Ausmaß der Luftturbulenzen bei höherem Tempo im Vergleich zum C-Type stark verringerte. Dieser neue, von Sayers eingeführte Stil sollte als Grundmuster für das zukünftige Jaguar-Sportwagendesign dienen, bis die E-Type-Ära 1975 zu Ende ging.

Wie oben ausgeführt war eines von Sayers Markenzeichen die Verwendung von fortschrittlichen Konstruktionsmethoden aus dem Flugzeugbau bei seinen Autos. Das zeigte sich am C-Type-Nachfolger, dem D-Type, an dessen Monocoque aus vernieteten Aluminiumteilen. Die Steifigkeit der Karosserie wurde durch innere, von Bug zu Heck laufende Schweller erhöht, die vorne und hinten durch Querschottwände stabilisiert wurden. Die Karosseriepaneele wurden dann an dieses zentrale Monocoque angenietet; die Konstruktion war nicht nur sehr leicht, sondern auch äußerst robust. Die Flosse hinter dem Fahrer verbesserte die Fahrstabilität bei hohen Geschwindigkeiten erheblich, „weil sie den Auftriebs-

↑ Auf dieser Nahaufnahme des D-Type erkennt man deutlich die von Malcolm Sayer eingeführte Vernietung der Karosseriepaneele.

← Dieses zeitgenössische Pressefoto des legendären D-Type zeigt, wie sich mit dem von Malcolm Sayer geschaffenen waagerechten Kühlergrill die gesamte Frontpartie flacher gestalten und damit die gesamte Aerodynamik verbessern ließ.

mittelpunkt weiter nach hinten verlegte", so Jim Randle, von 1978 bis 1991 Produkttechnikdirektor bei Jaguar.

Wie der C-Type, so diente auch der D-Type einem einzigen Zweck: die 24 Stunden von Le Mans zu gewinnen. Zwar ging Jaguar dort häufig mit einem vollen Werksteam an den Start, einige der herausragendsten Siege wurden aber von der schottischen Ecurie Ecosse unter Leitung von David Murray erzielt. Der D-Type trat erstmals 1954 als Werkswagen in Le Mans an und fiel aus, 1955 erwies sich als erfolgreicher – es kam zum einzigen Sieg des D-Type durch das Werksteam. 1956 gewann die Ecurie Ecosse auf der berühmten Rennstrecke; in jenem Jahr trat für lange Zeit zum letzten Mal das Werk selbst dort an. Am Ende der Saison 1956 kamen Bill Heynes und seine Ingenieure zu dem Schluss, dass der D-Type am Ende seiner Laufbahn angelangt und dass für künftige Rennsporteinsätze ein komplett neues Auto nötig sei.

Sie irrten sich – das Beste stand dem D-Type noch bevor. 1957 erlebte Jaguar eine Sternstunde, als die Ecurie Ecosse ganz überlegen den Sieg einfuhr und die Jaguar D-Type fünf der ersten sechs Plätze belegten. Der letzte Auftritt des D-Type in den Farben der Ecurie Ecosse erfolgte 1960. Damit endete eine Einsatzzeit, die sich über sechs Jahre erstreckt hatte, die für moderne Sportwagen außerhalb des Vorstellbaren liegt, die oft nur eine Saison lang eingesetzt werden.

Ein größeres Hindernis, das sich Bill Heynes und seinem Team nach der Saison 1956 in den Weg stellte, war die Tatsache, dass das Werk an der Kapazitätsgrenze lief und jetzt die im Motorsport gewonnen Erfahrungen an den Serienmodellen umgesetzt werden mussten. Die auf den Rennstrecken der Welt erworbenen wertvollen Lektionen mussten jetzt in die Serie einfließen, und es fehlte nun an zusätzlichen Ressourcen oder an weiteren Kapazitäten, um einen neuen Rennwagen zu entwickeln. Noch in den letzten Tagen des D-Type fanden Fahrwerkstests statt, die auf die nächste Jaguar-Sportwagengeneration Einfluss nahmen. Brian Martin: „Wir hatten zwei D-Type mit Einzelradaufhängung laufen, einen mit einem großen DeDion-Rohr und einen mit einer sehr rudimentären Einzelradaufhängung, die der Achse ähnelte, die später in EA2 und in den E-Type mit Blechkarosserie ging."

Obwohl der Rückzug des Werks aus dem Motorsport als vorübergehend angesehen wurde, laut Lofty England auf ein oder zwei Jahre beschränkt, sollten fast drei Jahrzehnte vergehen, ehe ein Jaguar-Werksteam erneut in den Rennsport einstieg. Hauptzweck der Werkseinsätze auf der Rennstrecke war es, Werbung für die Marke zu betreiben. Dass man damit Erfolg hatte, ist eine starke Untertreibung. Vor dem C-Type hatte sich Jaguar eines weltweit zufriedenstellenden Absatzes erfreut, nach den Erfolgen im Sport aber zog der Absatz nochmals kräftig an.

In den Worten Keith Helfets, wohl eines der erfolgreichsten Jaguar-Designer seit der Ära Sayer: „Mit dem D-Type zog er (Malcolm Sayer) ein eigenes Ding durch; das war sein

↓ Ivor Bueb, diesmal im Team mit Ron Flockhart, gewann auch 1957 die 24 Stunden von Le Mans, nun in einem D-Type der Ecurie Ecosse; der D-Type belegte die Ränge 1, 2, 3, 4 und 6, eine noch nie vorgekommene Leistung.

← ← Zwei Arbeiter nieten eine D-Type-Karosserie in der Rennwerkstatt in der Browns Lane zusammen.

← Werkssieg in Le Mans durch den Jaguar D-Type von Mike Hawthorn und Ivor Bueb mit neuem Rekordschnitt von 172,28 km/h, 1955.

MWS 301

ECURIE ECOSSE

MWS 301

↑ Gepäck ließ sich im Fall des XK-SS nur auf dem Träger am Wagenheck unterbringen. Das Auto basierte auf dem D-Type, einem reinen Rennwagen, und besaß daher keinerlei Kofferraum.

erstes vollständig eigenes Auto, nicht nur eine Überarbeitung. Der D war eine rollende Skulptur, ganz großartig."

Der 1957 vorgestellte XK-SS war in gar keiner Weise geplant und entstand als Ergebnis der Bemühungen des Werks, die Monocoques von nicht verkauften D-Type-Modellen nutzbringend zu verwerten. Er zählt nicht zu Keith Helfets Lieblingsentwürfen: „Der ist eigentlich hässlich. Man kann die Chronologie ablesen, aber ich glaube, das Auto ist eher zufällig entstanden."

Diese recht spartanischen Wagen waren im Grunde umgebaute D-Type mit kurzer Nase, die man, um die US-amerikanischen Zulassungsvorschriften zu erfüllen, mit kleinen Türen, einer großen Windschutzscheibe und schmalen Stoßstangen versehen hatte. Gepäck ließ sich nur auf dem Träger am Heck unterbringen, einen Kofferraum oder andere Verstaumöglichkeiten gab es nicht.

Tom Jones erinnert sich: „Die Idee stammte von Duncan Hamilton. Er hatte einen D-Type, ließ ihn zum SS umbauen und zeigte ihn uns. So kam es dazu, und wir führten die Umbauten in der Werkstatt unserer Serviceabteilung durch. Ein großer Aufwand war das nicht, es gab keine Entwurfszeichnungen, alles wurde Pi mal Daumen gemacht."

Der XK-SS war also ein leicht veränderter D-Type mit einem Minimum an Ausrüstung, damit er für die Straße zugelassen werden konnte. Die 3,4-Liter-Version des XK-Motors, praktisch eine Rennmaschine, leistete 250 PS bei 5750/min. Der Redakteur von *Autocar* schrieb in der Nummer vom 3. Mai 1957: „Der Jaguar XK-SS ist insofern ein waschechter Sportwagen, als er die Attribute eines Rennwagens mit einer Ausstattung für Tourenfahrten kombiniert."

Allerdings kostete der XK-SS, der ausschließlich exportiert wurde, 1957 nicht weniger als 5600 Dollar, während eine eingespritzte Corvette desselben Jahrgangs für wenig mehr als die Hälfte zu haben war. Zudem war die Corvette ein wesentlich kultivierteres Automobil. Sie wartete 1957 schon mit Kurbelfenstern und einem anständigen Verdeck auf, während der XK-SS in dieser Hinsicht recht primitiv war. Und weil es sich beim Motor praktisch um eine Rennmaschine handelte, war es schwer, das Auto im Straßenverkehr gut zu fahren.

Nur 62 D-Type wurden zwischen 1954 und 1956 gebaut. Im Februar 1957, als gerade einmal 16 XK-SS fertiggestellt waren (zwei D-Type wurden später umgebaut, wodurch sich die Zahl auf insgesamt 18 erhöhte), zerstörte ein Brand große Teile der Fabrik an der Browns Lane. Leider gingen dabei wertvolle Werkzeuge und Ausrüstungsgegenstände verloren, womit sich alle Hoffnungen auf eine rasche Rückkehr in den Motorsport zerschlugen.

Der XK-SS galt zwar manchen als reichlich krude straßentaugliche Version des D-Type, doch taugte er immerhin dazu, Teileüberschüsse der Rennabteilung zu beseitigen; nach dem Brand von Anfang 1957 verschwand der eigentümlich plump geformte XK-SS still und leise in der Versenkung. Diese Autos sind sicher nicht die schönsten Jaguar-Modelle, wiesen formal aber schon auf die Grundzüge der nächsten Sportwagengeneration des Hauses voraus.

E-Type-Prototypen mit Alukarosserie

Zu Beginn der 50er Jahre war Tom Jones bei Jaguar Prototypen-Designer und unterstand Bill Heynes. Nach einer Reise in die USA, um für die Limousinen die Möglichkeiten in Sachen Automatikgetriebe zu studieren, sagte Heynes zu Jones: „Sie sollen die Abteilung Rennfahrzeuge leiten.“ 1953 übernahm Jones die Chassisentwicklung des C-Type und wurde in der Folge Chassiskonstrukteur für den D-Type und später den ersten E-Type.

Anfang 1956 erhielt Tom Jones die Anweisung, mit der Konstruktion eines D-Type-Nachfolgers zu beginnen. Dieses neue Modell sollte in die Rennsport-Fußstapfen des D-Type treten und gleichsam als dessen natürliche Fortentwicklung auftreten. „Ja, das war so eine Art D-Type-Hybrid. Lyons wollte einen Sportwagen bauen, dessen Image aber im Einklang mit dem Jaguar-Image stehen musste, und es musste ein sehr schneller Sportwagen sein. Der allererste war ein sehr, sehr einfacher Prototyp, der dem D-Type folgte“, erinnerte sich Norman Dewis.

Heynes hatte die Absicht, diesen „experimentellen“ Rennwagen bei den 24 Stunden von Le Mans 1956 einzusetzen, wie Tom Jones weiß: „Der E-Type sollte 1956 unser Rennfahrzeug sein, das ist gewiss; ich leitete für Bill Heynes die Chassisentwicklung.“

Dieser erste Experimental-E-Type besaß eine unlackierte Ganzaluminiumkarosserie und einen 2,4-Liter-Motor. Es gibt von diesem Fahrzeug keine Fotos, doch Norman Dewis erinnert sich daran, dass er von den Abmessungen her ziemlich genau dem etwas späteren EIA entsprach. Dieser Versuchs-D/E-Type erhielt eine frühe Variante der hinteren Jaguar-Einzelradaufhängung und war ausschließlich für den Einsatz im Motorsport bestimmt; Norman Dewis weist darauf hin, dass es damals im Werk zahlreiche kurzlebige Versuchsträger gab, und leider hat dieses Exemplar nicht überlebt. Das Auto war voll fahrtüchtig und wurde sogar Erprobungen unterzogen, da man Jones aber nicht hinreichend Zeit gab, das Auto vernünftig zu Ende zu entwickeln,

← EIA wirkte sehr schlicht und noch unfertig, zeigte aber in Form und Profil unverkennbar Anklänge an den D-Type.

war es, als die 24 Stunden von Le Mans im Juni 1956 anstanden, nicht einsatzbereit, weshalb die verlässlichen D-Type einmal mehr herangezogen wurden.

Nach den enttäuschenden Ergebnissen, die das Werksteam in der Saison 1956 einfuhr, gewannen Bill Heynes und sein Team die Einsicht, dass die Konkurrenz erneut stärker geworden und dass der D-Type am Ende seiner Möglichkeiten angelangt sei. Es war Zeit für einen neuen Wagen. Da aber das Werk mit den Serienmodellen schon voll ausgelastet war, konnte man einem neuen Rennwagenprojekt weder Zeit noch Ressourcen widmen. Als das Motorsportprogramm auf Eis gelegt wurde, verkaufte man die D-Type für je 1000 Pfund an die Ecurie Ecosse; 1957 und 1958 fuhren sie im Blau-Weiß des schottischen Teams. Noch einmal Tom Jones: „Der Start des Mark I war ein ziemliches Desaster und führte dazu, dass die gesamte Belegschaft sich um die Serien- statt um die Rennsportmodelle kümmern musste, daher beschlossen wir, den Motorsport einzustellen, und deshalb ließen wir den E-Type vorübergehend fallen.“ Der experimentelle Renn-E-Type fiel dementsprechend Anfang 1957 der Zerstörung anheim, nachdem die Entscheidung gefallen war, das Rennprogramm einzustellen. „Phil Weaver war der Chef der Rennwerkstatt und er teilte mir telefonisch mit, dass Bill Heynes ihm befohlen hatte, das Auto zu verschrotten“, so Tom Jones.

In den allerersten Entwicklungsphasen war der E-Prototyprennwagen eindeutig zum Nachfolger des C-Type bestimmt, als Jaguar sich aber vom Rennsport abgewandt hatte, begann sich das E-Type-Konzept mehr und mehr in Richtung Sportwagen zu bewegen. Die Erfolge und die auf der Rennstrecke gewonnenen Erfahrungen, die innovative Aerodynamik und die modernen Konstruktionsmethoden machten deutlich, dass der Motorsport in der Tat vorteilhaft auf das künftige Serienmodell abfärbte.

Würde dieser E-Type-Rennsportprototyp heute noch existieren, wäre er ein wertvolles historisches Bindeglied in der Entwicklungsgeschichte des Serien-E-Type; freilich brachte man den Wagen seinerzeit zwar zum Laufen, danach aber trat das gesamte Projekt auf der Stelle. Nicht verwechseln darf man dieses Auto mit dem etwas späteren E1A: „(Das Auto) hieß einfach Experimental-E-Type. Später kam E1A, das war der offizielle (Prototyp), mit dem wir in die Erprobung gingen. Dies hier war im Grunde nur ein Design-Prototyp; wir machten ihn fahrtüchtig, aber wir haben ihn eigentlich nicht ernsthaft getestet“, so Dewis.

Im Anschluss an diesen ersten experimentellen E-Type entwickelte Malcolm Sayer eine leicht geänderte Karosserie; dieses Auto war dann der erwähnte E1A. Nachdem sich Bill Heynes und Malcolm Sayer im Prinzip darauf geeinigt hatten, die Entwicklung der neuen Jaguar-Sportwagengeneration fortzuführen, ging es besser voran. Interessanterweise entstanden aber während Erprobung und Entwicklung des legendären E-Type nur sehr wenige Prototypen bei Jaguar. Im nächsten Abschnitt werden wir sehen, dass sich sämtliche realisierten Prototypen deutlich voneinander unterschieden,

↓ E1A besaß, wie C- und D-Type, eine nach vorne hochklappende Motorhaube. Anders als bei der Serienausführung des E-Type reichte die Haube seitlich nicht bis auf Höhe des unteren Türausschnitts hinunter. Auffällig die breite Windschutzscheibe und die extrem glattflächige Karosserie.

wobei jeder einzelne etwas zum Design oder zur Technik des schlussendlichen Serien-E-Type beitrug.

Die Prototypenbezeichnung E1A benannte den ersten E-Type-Serienprototyp, das A stand hierbei für die verwendete Aluminiumkarosserie. Dieser frühe, voll fahrtüchtige Prototyp mit dem Kennzeichen VKV 752 besaß eine große, sich nach vorne öffnende Motorhaube, in die die vorderen Kotflügel integriert waren, und folgte damit der Tradition von C- und D-Type. Die Linienführung war schlicht und klar, und in der Rückschau kann man hier schon sehr deutlich das kommende Serienmodell erkennen. Von der Struktur her ähnelte der Wagen mit einem vorderen Hilfsrahmen, der Vorderachse und Motor trug, sowie mit Fahrzeugmitte und -Heck in Monocoque-Ausführung, dem D. Das Heck in selbsttragender Ausführung nahm die Serie vorweg und ersetzte die beim D-Type verwendete Rahmenstruktur, die sich für die Großserie nicht eignete und außerdem viel zu teuer in der Herstellung war.

In dieser Phase zeigte sich, dass Malcolm Sayer und Bill Heynes stilistisch den mit D-Type und XK-SS beschrittenen Weg weiterverfolgen und mit dem mittlerweile überholten Design des XK 150 brechen wollten. Brian Martin berichtet: „In diesem Punkt gab es noch viel Neues, denn der erste E1A folgte noch dem D-Type." Die modernen Konstruktionsmethoden im Automobilbau sprachen für eine selbsttragende Ganzstahlkarosserie, daher preschten Heynes und Sayer ohne das Einverständnis von Sir William Lyons voraus, der bekanntermaßen anfangs dem neuen Sportwagenprototyp eher kritisch gegenüberstand. Das lag vielleicht daran, dass er die jüngste Schöpfung seines Hauses nicht selbst gefahren hatte und es sich daher sozusagen nicht um einen „eigenen" Entwurf handelte. Sein Beitrag beschränkte sich später auf einige Details des Designs.

In den späten 50er Jahren befand sich die Bauweise mit separatem Rahmen bei Neukonstruktionen auf dem Rückzug. Bei der alten Methode saß der Motor auf einem schweren Rahmen, auf den dann eine verschweißte Karosserie aufgesetzt wurde, was unvermeidlich recht hohe Aufbauten zur Folge hatte. Die Übernahme der Konstruktion des D-Type als Basis für einen neuen Seriensportwagen erlaubte hingegen ein sehr viel flacheres und strömungsgünstigeres, näher am Boden kauerndes Design.

Der E1A, der 1958 in die Erprobung ging, besaß zunächst keine Scheinwerfer und war, anders als es den Anschein erweckt, länger als der D-Type, aber etwas kürzer als der spätere Serien-E-Type. Er war recht klein, verfügte über eine leichte Aluminiumkarosserie und wurde von einem regulären 2483-ccm-Vergasermotor aus der Mark I Limousine angetrieben. Trotz der schwachbrüstigen Maschine war E1A überraschend schnell und agil und kam auf eine Spitze von knapp 210 km/h, die aber erst nach einiger Erprobungsarbeit durch Norman Dewis erzielt werden konnte. Der E1A erreichte 96 km/h (0-60 mph) in 10,5 Sekunden und zog bereits ab 15 km/h im großen Gang sauber durch. Die glattflächige Karosserie verzichtete auf die von D-Type und XK-SS bekannte Ausbuchtung auf der Motorhaube, da der kürzere 2,4-Liter-Motor tiefer saß und daher auch unter einer glatten Haube Platz fand; wobei sich „kürzer" auf den kleineren Hub bezieht, der sich auf 76,5 mm statt auf die 106 mm der 3,6- und 3,8-Liter-Variante beschränkte. Die Außenabmessungen der Motoren waren fast identisch, abgesehen von der geringeren Höhe des kleinen Motors.

Jaguar-Testfahrer Norman Dewis war mit den Erprobungen vollauf beschäftigt, er widmete sich Sturz- und Spurwerten, Bremsen, Kühlung, Luftströmungen und allen weiteren Aspekten der Autoentwicklung. E1A erhielt später attraktive, nach hinten hin flacher werdende Seitenscheiben, blieb aber ein völlig offenes Auto ohne jedes Verdeck.

Fahrwerkstechniker Bob Knight arbeitete am E-Type-Chassis und war auch für die Entwicklung der hinteren Einzelradaufhängung zuständig, die schon an E1A zum Einsatz kam. Brian Martin: „Die Konstruktion ähnelte schon der des Serien-E-Type, besaß aber andere untere Lenker, nur einen statt zwei Stoßdämpfer pro Seite und innenliegende Bremsscheiben. Die Grundkonstruktion war aber sehr ähnlich, auch bei E2A, aber nicht identisch. Die große

Die Prototypenbezeichnung E1A benannte den ersten E-Type-Serienprototyp. Das A stand hierbei für die verwendete Aluminiumkarosserie. Dieser frühe, voll fahrtüchtige Prototyp mit dem Kennzeichen VKV 752 besaß eine große, sich nach vorne öffnende Motorhaube, in die die vorderen Kotflügel integriert waren, und folgte damit der Tradition von C- und D-Type.

↑ **E2A, der sehr nach D-Type aussah, besaß eine äußerst glatte und aerodynamisch effiziente Außenhaut. Die Frontpartie ähnelt sehr dem E-Type, der zu jener Zeit in der Entwicklung schon weit fortgeschritten war.**

Sache an E1A war natürlich, dass die Achse in das Auto hineinkonstruiert wurde, in es hineingebaut wurde und nicht an einem separaten Hilfsrahmen befestigt war, der dann komplett an das Auto montiert wurde."

Norman Dewis hatte die Aufgabe, E1A zu testen und Federung und Fahrverhalten zu verbessern. „E1A war der Vorläufer, der erste E-Type, noch mit einem anderen Motor. Er besaß den kleinen 2,4-Liter, aber auch die unabhängig aufgehängten Hinterräder. Ich arbeitete intensiv an E1A und machte ein gutes Auto daraus", erzählt er.

Da das Werk sein erfolgreiches Rennsportprogramm eingestellt hatte, um sich voll und ganz dem Bau der Serienfahrzeuge zu widmen, kann man sich zu Recht die Frage stellen, wie und unter wessen Aufsicht das E1A-Sportwagenprojekt voranging.

Norman Dewis sagt dazu: „Angestoßen wurde es von Bill Heynes; er war Technikdirektor. Er wünschte sich einen Nachfolger für den D-Type, natürlich gemeinsam mit Sayer. Zu Beginn sollte es sein Motorsportmodell werden, wir stellten uns aber ein kleineres Auto vor." Der Gedanke dahinter war, dass das kleinere Auto später, nachdem es sich im Motorsport bewährt hätte, möglicherweise in Serie gehen könnte.

Der E1A-Prototyp bot, um es noch einmal zu sagen, zahlreiche ausgezeichnete Gelegenheiten, technische und das Design betreffende Neuerungen einzuführen, deren Kenntnis man im Motorsport erworben hatte; diese Neuerungen flossen in den nächsten Prototypen ein und E1A wurde demontiert. Dewis: „Sobald wir E2A hatten, wurde E1A auseinandergenommen, denn er war jetzt eigentlich überflüssig; was wir mit E1A gelernt hatten, das übertrugen wir auf E2A und so ging es ständig voran."

Malcolm Sayer bemühte sich stets, seine Entwürfe weiter zu verbessern; Ende 1958 nahmen er und Bill Heynes den nächsten Prototypen in Angriff, E2A. Im Zuge der Entwicklung des E-Type-Prototyps E1A hatte man schon beschlossen, ein Rennsportmodell (E2A) auf die Räder zu stellen, das dann auch bald realisiert werden sollte.

Dieser kleine hellgrüne Prototyp wurde etwa zwei Jahre lang umfangreich erprobt, danach auseinandergenommen und dem Schrotthändler in Kensington, mit dem das Werk zusammenarbeitete, übergeben. E1A hat nur in Fotos

Motorhaube aus und entwickelte aus ihr die stärker ausgeformte Haube des Serienmodells mit ihren betonteren Kotflügeln und der insgesamt stärker ausgeprägten Formgebung. Nach umfangreichen Tests mit E1A und dem Pop Rivet Special wurden in der Werkstatt zwei weitere Wagen hergestellt, die der späteren Serienausführung schon sehr stark ähnelten, nämlich einen Roadster in Karminrot und ein geschlossenes Coupé in Graumetallic (siehe Kapitel 3).

„Der erste E-Type, den ich bekam, war rot und in der Ausführung sehr schlicht. Ich nenne dieses Auto immer den „roten E-Type Nummer 1", das war der erste Prototyp, ein offenes Auto. Er hatte den 3,4-Liter-Motor und hintere Einzelradaufhängung, und ich arbeitete daran, die Scheibenbremsen zu verbessern; wir hatten die Dicke der Scheiben geändert. Ich glaube, das war Anfang 1959, denn ich habe das Auto fast 18 Monate gefahren", so Dewis. Dieser Wagen war der erste seriennahe E-Type-Prototyp, den Norman Dewis gründlich erprobte.

Neben den regulären Entwicklungs- und Erprobungsfahrten, die Dewis durchführte, musste er auch die künftigen US-amerikanischen Zulassungsvorschriften beachten, die den Schadstoffausstoß und die Fahrzeugsicherheit betrafen, namentlich die Bremsen und die neuen Front- und Heckcrashtests. All das spielte zwar aktuell noch keine Rolle, musste aber an zukünftigen Modellen Auswirkungen nach sich ziehen, und da die USA der wichtigste Markt für Jaguar waren, legte Lyons Wert darauf, diese Anforderungen so früh wie möglich ins Kalkül zu ziehen.

Nach dem Bau des „roten E-Type Nummer 1" wurde an der Karosserie des Autos offensichtlich nicht mehr allzu viel geändert und zwei Jahre später betrat der Serien-E-Type die Weltbühne. Da das Design nur noch in geringem Umfang modifiziert wurde, vollzog sich die Entwicklung zur Serienreife relativ schnell, bedenkt man, wie viel Zeit bis dahin in das Auto gesteckt worden war. Dieser Eindruck mag täuschen, denn schließlich hatte man Vorarbeiten in Gestalt des im Rennsport eingesetzten D-Type geleistet, gleichwohl wurde der Entwicklung der Serienausführung des E-Type nur eine kurze Frist eingeräumt, da das Werk hauptsächlich mit dem Bau der Limousinen befasst war. ▪

Jaguar-Design

„Für die wenigen unter uns, die sich in allen Dingen ausschließlich dem Besten verschrieben haben“

Jaguar-Sportwagenwerbung

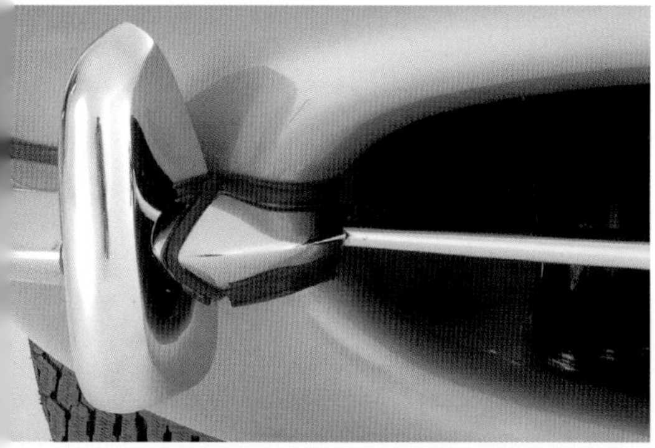

1958	1959	1960	1961
Das E-Type-Konzept entsteht	E-Type mit Stahlblech-karosserie wird von Norman Dewis erprobt	E2A nimmt an den 24 Stunden von Le Mans teil	Premiere des E-Type auf dem Genfer Salon

→ **Die unsterblichen Linien des XK 120 OTS wirken heute ebenso elegant wie 1948.**

Kein Designer ist größer als das Auto, das er entwirft. Ein Designer ist lediglich der Hüter der Marke, für die er tätig ist, und seine Aufgabe besteht darin, die Botschaft, die die Marke transportiert, durch eine Neuinterpretation des Werks seiner Vorgänger neu zu definieren. Ein Designer, der mit seiner Arbeit nach Ruhm und Ehre strebt, widmet sich dem falschen Ziel und tut damit seiner Marke keinen Gefallen. Das Auto nämlich lebt in der Geschichte fort, und es sind die Menschen, nicht der Designer, die den Entwurf letztlich gutheißen. Das bestätigt Keith Helfet, der den prächtigen Jaguar XJ220 entworfen hat: „Die Öffentlichkeit hat das letzte Wort. Und die Leute sind unglaublich beschlagen."

Verglichen mit seinen Vorgängern ist das Design des E-Type völlig neu und anders als das sämtlicher früherer Jaguar-Sportwagen. Um die Einflüsse, die ihn bestimmten, ausfindig zu machen, darf man daher nicht auf seinen Vorläufer XK 150 blicken, sondern auf seinen Vetter, den D-Type, der für die Rennstrecken der Welt bestimmt war. Die bisherigen Sportwagen aus dem Jaguar-Stall, XK 120, 140 und 150, waren allesamt das Werk von Sir William Lyons gewesen, und die stilistische Ausprägung steht, vom ersten Modell des Jahres 1948 bis zum letzten von 1960, klar vor aller Augen. Die Linienführung, die Bill Lyons in den vierziger und fünfziger Jahren für seine Modelle schuf, war elegant, schlank und unsterblich, wenn man aber eine Schwachstelle namhaft zu machen wagt, dann die, dass die Autos nach den Maßstäben der späten 50er Jahre etwas

↓ **„Der Designer" – Sir William Lyons neben einem D-Type im Kreise der von ihm entworfenen Autos.**

sperrig wirkten. Bis dahin trat Sir William Lyons als Jaguar-Chefdesigner auf und war damit in letzter Konsequenz für Design und Styling sämtlicher Limousinen und Sportwagen des Hauses verantwortlich, eine Aufgabe, der er sich mit starker Hand und mit eigenen Vorstellungen widmete.

Es ist allgemein bekannt, dass Sir William Lyons nicht wirklich zeichnen konnte, zumindest nicht so, wie man es von einem Weltklasse-Designer erwarten würde, der für eine Marke wie Jaguar tätig ist. Allerdings hatte er ein ausgeprägtes natürliches Stilempfinden und konnte im Geiste ein dreidimensionales Bild vor sich sehen, eine Gabe, über die nur wenige Designer und noch weniger Manager verfügen. Wie also brachte Lyons die gestalterisch überragenden Jaguar-Formen hervor, ohne all die dafür notwendigen Qualifikationen mitzubringen? Keith Helfet erklärt: „Ich glaube, er machte einfach das, was er für richtig hielt und was ihm gefiel."

Ohne die einschlägige formale Ausbildung zu besitzen, saß Bill Lyons stundenlang in seinem Designstudio und instruierte seine Truppe, ausgewählte Blechschmiede und Karosseriebauer, die seine Vorstellungen umsetzten. Diese handverlesenen Mitarbeiter dengelten die Linien und Kurven direkt in Lebensgröße in das Blech, ohne Zuhilfenahme von Skizzen oder Plänen, und Lyons ließ sich diese Muster häufig in seinen Wohnsitz Wappenbury Hall bei Leamington Spa in Warwickshire bringen, um sie dort eingehend zu begutachten.

Brian Martin erinnert sich: „Er war kein Zeichner, er hatte gar keine Erfahrung im Zeichnen. Er hatte ein begnadetes Auge für Formen; für ihn lag die Schwierigkeit darin, seine Vorstellungen anderen, die sie umsetzten sollten, mitzuteilen. Es wurde jede Menge gehämmert und gedengelt und verschiedene Formen ausprobiert."

Martin weiter: „Bei Malcolm Sayer war es genau umgekehrt und ich glaube, genau deshalb waren sie gemeinsam erfolgreich. Malcolm war reiner Aerodynamiker und war hauptsächlich tätig, als der Computer noch in den Kinderschuhen steckte, aber mit seinem Hintergrund als Ingenieur und Technischer Zeichner konnte er ein komplettes Auto auf dem Reißbrett entwerfen. Ich habe das gesehen, er entwarf ein ganzes Auto im Maßstab 1:1 an der Wand, und im Geiste konnte er die ganzen Abmessungen berechnen; das hätte Sir William in einer Million Jahren nicht zuwege gebracht."

William Lyons` Methode war darum aber nicht weniger effektiv, sie war nur langsamer als wenn er eine Skizze vorgelegt und gesagt hätte: So will ich es haben. Was die Dinge noch etwas schwieriger machte, war, dass Sir William

Design – wie es früher war

Wenn in der Auto-Frühzeit ein neues Modell entwickelt wurde, sagte zunächst jemand: „Wir wollen ein Auto bauen.“ Dann ging es um die Frage, wie man es bauen wollte; Konstruktion und Montage, selbst der Umfang der Ausstattung blieben den Ingenieuren überlassen. Zwischen Technik und Marketing kam es vielleicht zu einer gewissen Zusammenarbeit, aber nur insoweit, als man das Marktpotenzial des Autos abschätzte und üblicherweise auch nur gegen Ende der Entwicklungsphase.

„Marketing, Werbung und Verkauf waren miteinander identisch,“ so Brian Martin, und eine PR-Abteilung, wie wir sie heute kennen, gab es überhaupt nicht. Auch Technik und Design bildeten eine gemeinsame Abteilung; der Verkauf musste die Autos absetzen, die ihm die Technik auf den Hof stellte.

Ein neues Modell basierte zumeist auf einem erfolgreichen Vorgänger, wie Brian Martin erklärt: „Erst dann ging jemand in die Werbe- und Marketingabteilung und sagte: Das ist unser Auto, Ihr müsst es verkaufen, vielen Dank. Sehr oft erfuhren Werbung und Marketing erst von dem Modell, wenn es praktisch schon fertig war.“

bei seinen Zeitgenossen nicht eben als guter Erklärer galt; umso kritischer war es daher, wie er seinen Karosseriebauern seine Vorstellungen mündlich darlegte. In diesem Lichte besehen erscheinen seine Leistungen umso bemerkenswerter. Sein Ansatz war alles andere als wissenschaftlich, ermöglichte es Sir William aber gleichwohl, einige der schönsten Entwürfe zu schaffen, die die Geschichte des Automobils vorzuweisen hat. Sir William hatte seine spezielle Arbeitsweise im Laufe der Jahre perfektioniert, angefangen beim ersten Modell, das er auf diese Weise entworfen hatte. Ohne die Beschränkungen durch firmeninterne Hemmnisse und frei von Einflüssen der Mode war Sir William stets nur daran interessiert, Formen zu schaffen, die in den Betrachtern Begehrlichkeiten weckten und nicht daran, den von anderen gesetzten Trends zu folgen. Zu dieser Begabung kam sein Instinkt hinzu, der ihm verriet, wohin der Markt sich bewegte; das erlaubte es ihm, zur richtigen Zeit mit dem richtigen Design aufzuwarten.

In seiner Suche nach dem perfekten Stil scheute er auch keine Neuerungen und wandte ganz verschiedene Methoden an, um zum gewünschten Ergebnis zu gelangen. John Maries sagt: „Bill Lyons war dafür bekannt, dass er Modelle seiner Autos anleuchtete und prüfte, an welchen Stellen sich die Lichtreflexionen befanden. Bill Lyons designte mit hellem Licht. Er besaß aber auch die Fähigkeit, ein Auto anzuschauen und minimale Änderungen vorzunehmen, die ihn zufrieden stellten."

Keith Helfet, der in den späten Jahren mit Sir William arbeitete, hält fest: „Was mir an Sir William auffiel: Er war schon über 80 und dennoch unglaublich offen für neue Ideen. Er hatte ein Faible für neue Ideen, er war nicht konservativ. Und wenn man seine Autos ansieht, dann merkt man natürlich auch, dass Jaguar nicht konservativ war; das war alles immer sehr fortschrittlich."

Beim Autodesign ging es bis Mitte der 50er Jahre immer darum, mit eleganten, fließenden Linien Präsenz zu zeigen und ein Statement abzugeben. In Großbritannien und Europa beeinflussten Grenzen der Technologie und des Materials die Größe der Autos, jenseits des Atlantiks führte der Glaube an grenzenlos vorhandenen Nachschub von Stahl und Benzin dazu, dass Fahrzeuggröße und Benzinverbrauch in gar keiner Weise irgendeine Rolle spielten. Die Autos besaßen typischerweise einen großen, schweren Rahmen, auf dem sowohl Motor als auch Karosserie aufsaßen, was relativ hohe Autos ergab. Für Jaguar – und die meisten anderen Autohersteller der damaligen Zeit – mündete der Einbau des XK-Reihensechszylinders in Chassis und Karosserie eines Sportwagens unvermeidlicherweise in Designprobleme; die meisten Sportwagen der Zeit wiesen einen hohen Motorraum auf. Als Folge zierten ein hoher Kühler samt Grill die Frontpartien der meisten Autos, und dahinter eine flüssige Linienführung zu erzielen, war für die meisten Designer eine kaum zu bewältigende Aufgabe. Sir William Lyons hatte mehr Erfolg als die meisten seiner Kollegen und konnte die Motorhaube

→ **Motor und Chassis eines XK 120 – man erkennt, dass der Rahmen außergewöhnlich robust ist.**

des XK 120 flacher ausfallen lassen, indem er den Kühler nach hinten neigte und damit ein schnittigeres Design erzielen konnte.

John Maries, in den 80er Jahren Marketingmanager bei Jaguar, führt dazu aus: „Als Reaktion auf die durch den Krieg bedingte Armut, wenn man so will, die Kargheit des Lebens, waren in den 50er Jahren Eleganz und Stil beherrschende Themen."

Eine Analyse des Jaguar-Designs bis zu den späten fünfziger Jahren zeigt denn auch, dass die fließenden Linien an den Flanken der Fahrzeuge den Kotflügeln der Vorkriegsfahrzeuge nachgeformt waren – über die Vorderräder, dann abwärts führend und über den Hinterrädern wieder ansteigend. Daran ist nichts innovativ, aber Sir William gelang es, diese Linien überaus sinnlich und elegant zu gestalten. Der SS 100 war hierfür ein gutes Beispiel, doch nach dem Krieg ging der XK 120 mit seinen Pontonkotflügeln noch weiter, eine Bauweise, die auf Englisch „enclosed fenders" genannt wird, weil die Kotflügel die Räder völlig umhüllen. Dieses Design betonte den muskulösen Charakter der Sportwagen, war aber zugleich sehr elegant und ansehnlich und stellte den Fahrer gleichsam in ein sportives Licht. Die Amerikaner nannten dies später, als Bill Mitchell bei GM einen ähnlichen Look einführte, „Coke Bottle" Design; 1948 aber war es William Lyons' natürliches Gespür für Formen, das dieses Designmerkmal zum Leben erweckte.

Noch einmal John Maries: „Das sorgt für den typischen Jaguar-Look an den Seiten. Die hinteren Flanken des Autos sehen aus wie beim gleichnamigen Tier und die hinteren Radausschnitte wirken wie die Hinterbeine eines Tieres im Sprung. Und das Wunderbare am Jaguar ist seine Unverwechselbarkeit. Das ist ein Jaguar."

Julian Thomson, derzeit Chefdesigner im Jaguar-Vorabdesignstudio, fasst dies so zusammen: „Wenn man sich William Lyons und seine innovativen Entwürfe ansieht, erkennt man, dass sie vom jeweiligen Vorgänger kaum etwas übernahmen. Er versuchte immer, das ihm mögliche Beste zu geben und kam dabei mit technischen und ästhetischen Innovationen sowie Detail-Neuerungen gut voran."

Die meisten Vorkriegsautos orientierten sich in ihrer Konstruktion an den damaligen Beschränkungen durch Technik und Werkstoffe, nicht an Parametern, die auf die Bedürfnisse des Marktes zurückgingen, daher fielen die Autos tendenziell größer aus, weil dies die Karosserien steifer machte. Man kann daher sagen, dass die Wagen in dieser Ära in ihrer Konstruktion technisch bedingt waren, und der Markt erwartete dies auch, da man im Großen und Ganzen nichts anderes gewohnt war. In dieser Frühzeit brachte die Verkaufsabteilung an den Mann, was immer die Abteilungen Technik und Produktion zuwege brachten; auf diese Weise verfuhren die Werke und produzierten sie ihre Autos, und die Kunden erwarteten nichts anderes, daher gab es keine Notwendigkeit, dass die Hersteller anders verfahren müssten.

Viele Autos waren, noch zur Zeit der E-Type-Vorstellung, absichtlich überdimensioniert, weil dies dem Hersteller

↓ Im National Motor Museum in Beaulieu stehen XK 150 (links) und XK 120 nebeneinander und zeigen, dass ihre Flanken sich in der Gestaltung deutlich voneinander unterscheiden.

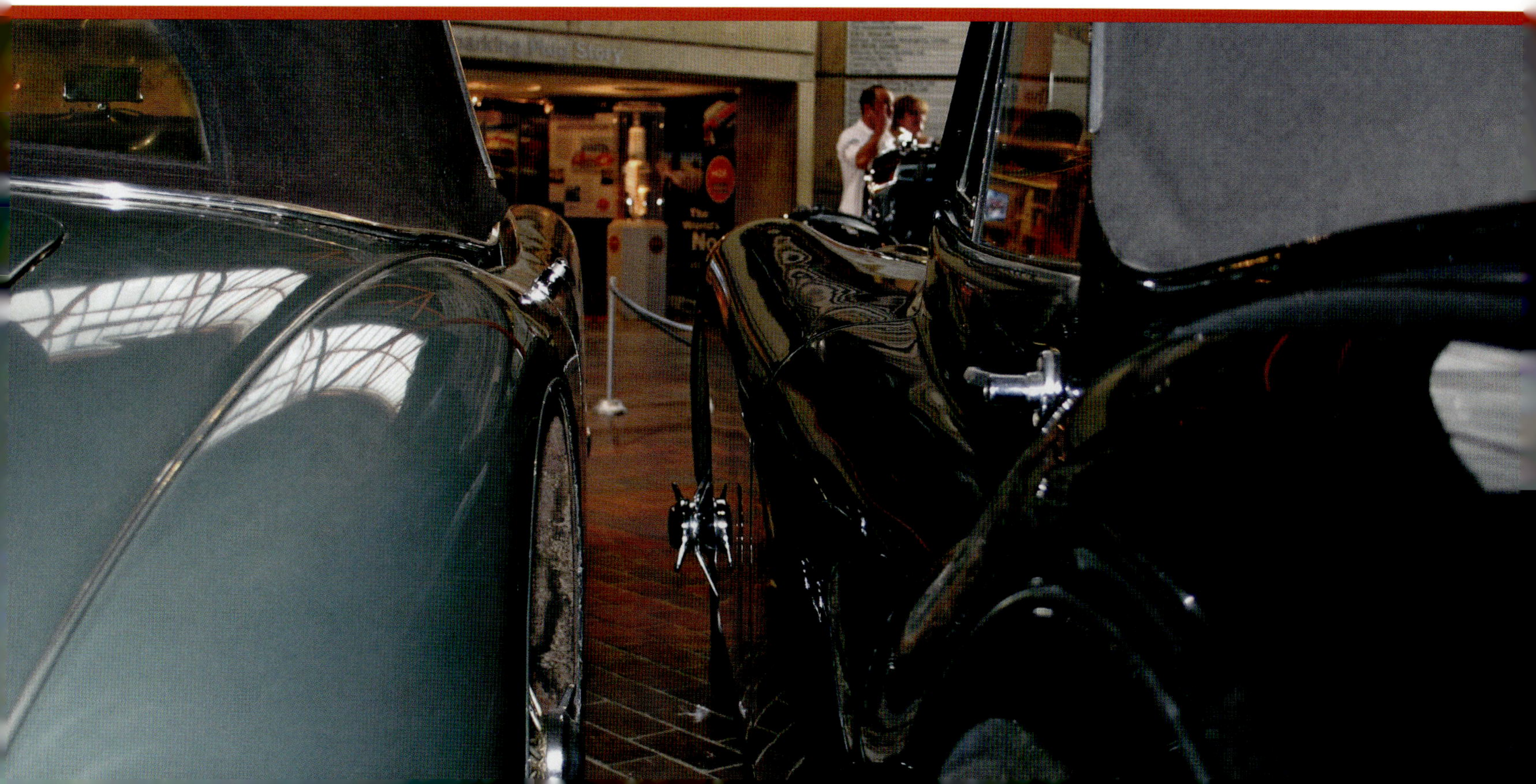

↑XK-Fahrer stören sich auch nicht am Regen! Die niedrige, fließende Gürtellinie lässt die Heckpartie dieses (belgischen) XK 120 umso deutlicher hervortreten. Die schnittige Linienführung war ein Werk von Sir William Lyons.

garantierte, dass die Fahrzeuginsassen besser geschützt waren. Im Ergebnis waren die meisten Wagen übergewichtig, und manches Auto konnte, ohne selbst größeren Schaden dabei zu nehmen, einen ansehnlichen Baum fällen; das verlieh Fahrer wie Insassen ein gewisses Gefühl von Sicherheit. Dass dieses Gefühl angesichts des Fehlens von Sicherheitsgurten trügerisch war, kam keinem in den Sinn. Trotz dieses Übermaßes an Robustheit und Karosseriesteifigkeit entstanden in dieser Ära einige wunderschöne Autos.

Um das Sportwagendesign der Nachkriegszeit verstehen zu können, muss man in die Zeit zurückgehen, zu der ein Sportwagen noch ein ungewöhnlicher Anblick war. Brian Martin: „Sportwagen waren nur etwas für die Reichen; sie waren teuer, sie galten allgemein nicht als ein Auto, das man als bloßes Transportmittel nutzte; sie waren Spielzeuge für die Wohlhabenden."

Damit rückt das Risiko in die richtige Perspektive, das Jaguar einging, indem man Großserienautos für einen Markt produzierte, dem nicht viel Geld für Luxusgüter wie Automobile zur Verfügung stand. Noch einmal Martin: „Eine Firma wie Jaguar macht sich 1948/49, unmittelbar nach einem großen Weltkrieg daran, Luxusautos für einen darniederliegenden Markt ohne Käufer, ohne Geld zu bauen. Sachlich betrachtet ein kühnes Vorhaben, nicht wahr? Ich glaube, dass es ein Glück war, dass wir auf dem amerikanischen Markt so erfolgreich waren, denn ohne ihn wäre Jaguar wohl kaum am Leben geblieben, hätte kaum überlebt."

So sicher, wie einem Krieg wirtschaftliches Wachstum folgt, wachsen auch die Bedürfnisse einer Kundschaft, die in der aufstrebenden Prosperität nach einem Krieg ihr neues Leben plant. William Lyons wusste das, daher machte er sich daran, Autos für diesen aufstrebenden Kundenkreis zu bauen. Das ist einer der Hauptgründe dafür, dass der US-Markt den XK 120 so begeistert aufnahm, als er 1948/49 in den Verkauf ging.

Die heutigen Jaguar-Designer sprechen gerne von dem „Schock-Faktor", den Lyons mit jedem neuen Modell, das er vorstellte, schuf, und das bezieht sich nicht nur auf die konkurrenzlos günstigen Preise, sondern vielmehr auf die schiere Schönheit und Eleganz der Autos. Das galt gewiss für den SS 100, den XK 120 und den E-Type, die jeweils eine neu Ära im Jaguar-Sportwagendesign einläuteten. Julian Thomson beschreibt diesen Schockfaktor so: „Es spielt keine Rolle, wie der Vorgänger aussieht", das heißt: Fortschritt durch Innovation.

In der Rückschau können wir sehen, dass viele Kunden einen Jaguar kauften, um sozusagen ein Stück England oder, im Falle der Hartgesottenen, ein Stück Coventry zu besitzen. William Lyons lag aber nicht daran, eine britische Tradition zu begründen; ihm ging es in erster Linie darum, Autos zu bauen, die sich verkaufen ließen. Das gelang ihm, wie John Maries darlegt: „Jaguar besetzte eine ganz besondere Nische, jahrelang kauften unsere Kunden keine andere Marke. Ich traf oft Menschen, die nacheinander 17 Jaguars besessen hatten und die sich nicht im Traum einfallen lassen würden, ein anderes Auto zu kaufen."

Der Jaguar-Kunde der sechziger Jahre

In der Zeit nach der Einführung des Jaguar E-Type änderte sich das Profil des typischen Sportwagenkäufers, und auch die Art und Weise, wie der Sportwagen genutzt wurde, erfuhr einen radikalen Wandel. Hatte der Sportwagen bislang in erster Linie dem Motorsport gedient und Belange der Bequemlichkeit hintangestellt, oder war er die leistungsstärkere Variante eines Serienmodells gewesen, das im Interesse höherer Fahrleistungen auf Ausstattung verzichtete, so begann sich die Spezies Sportwagen ab den späten fünfziger Jahren zu verändern.

Die gestiegenen Leistungswerte der Sportwagen führten auf den Rennstrecken zu intensiverer Konkurrenz; dabei trennte sich nach und nach die Spreu der Amateure vom Weizen der Profis, während im Motorsport zunehmend Spezialkonstruktionen Verwendung fanden. Wo bislang ein Amateur sein Auto auf der Piste und im privaten Betrieb hatte bewegen können, musste er jetzt, wenn er konkurrenzfähig bleiben wollte, für den Motorsport ein eigenes Auto anschaffen. Diese Entwicklung führte zu einer Aufspaltung in Profi-Rennfahrer und Hobby-Rennfahrer, denn Zeitaufwand und Kosten für die Anschaffung und den Unterhalt eines wettbewerbsfähigen Sportrennwagens stiegen, und ein XK 120-Amateurfahrer musste nun den Erwerb eines C- oder D-Type in Betracht ziehen.

Hätte sich das Gros der Sportwagenfreunde zwei oder mehr Autos, darunter ein Spezialfahrzeug für den Motorsport, leisten können, dann hätte es keine Notwendigkeit gegeben, bei den für Rennstrecke und Straße gleichermaßen tauglichen Hochleistungs-Sportwagen beim Komfort Kompromisse einzugehen. Als die Hersteller dies bemerkten, statteten sie ihre Modelle so aus, dass der Sportwagenfreund sein Auto im Alltag nutzen konnte, ohne dabei auf die sportliche Note verzichten zu müssen. Die Kunden wollten nun nicht mehr Einstellarbeiten an den hochgezüchteten Motoren ihrer Wagen vornehmen müssen, ehe sie zum Einkaufen fuhren; problemlose Alltagstauglichkeit war nun gefragt. Die Sportwagen entwickelten sich daher jetzt in Richtung Gran Turismo, und die spezialisierten

↓ Dieser XK 120 OTS wurde vom Werk für die 50. RAC-Rally 1982 an Andrew Whyte verliehen und ist hier auf dem Grundstück von Pat Quinn (geborene Lyons) in Gloucestershire zu sehen. Von rechts nach links: Pat Quinn, ihr Sohn Michael und ihre Tochter Jane.

Sportautos kauften nur noch diejenigen, die sich am Mangel an Komfort und einer harten Federung nicht störten.

Dieser Richtungswechsel, den der Sportwagen in den Nachkriegsjahren durchmachte, hatte mehrere Ursachen: Geänderte Präferenzen der Kundschaft selbst und die Tatsache, dass bessere Technik mehr und mehr Autos die magischen 100 Meilen pro Stunde (161 km/h) erreichen oder übertreffen ließ. Die reine Geschwindigkeit war also allein nicht mehr beim Kauf eines Sportwagens maßgebend; vielmehr spielten nun auch das Design, die Bequemlichkeit und der Federungskomfort eine Rolle. Ab den fünfziger und sechziger Jahren dienten Sportwagen zunehmend auch Urlaubsreisen, daher musste ein Kofferraum vorhanden sein, der das Urlaubsgepäck von zwei Personen aufzunehmen imstande war. Die Tage, in denen der britische Fan sich in seinem schnellen Zweisitzer zum Kontinent aufmachte und sich sein Gepäck per Bahn vorausschicken ließ, weil es ihm im Sportwagen an Kofferraum fehlte, waren vorüber.

Auch die Amerikaner hatten, so scheint es, ihre Vorstellungen vom Sportwagen geändert. *Autocar* schrieb 1962: „Für die Amerikaner ist ein Sportwagen offenbar klein, schnell und kommt aus dem Ausland." Diese Entwicklung nahm ihren Anfang, als die Soldaten aus Europa heimkehrten, wo sie zu schätzen gelernt hatten, was die Alte Welt an Sportwagen zu bieten hatte; sie stellten fest, dass es zuhause nichts dergleichen gab.

Details wie Kurbelfenster, verstellbare Rückenlehnen und hintere Notsitze für Kinder, besserer Schutz vor Wind und Wetter und sogar die Möglichkeit, eine Klimaanlage zu bestellen, waren nun auch in Sportwagen gang und gäbe. Die Fahrwerke wurden weicher, eine verbesserte Geräuschdämmung entlastete die Ohren der Insassen und ein abnehmbares Hardtop erlaubte auch GT-Fahrern, sich den Wind um die Nase wehen zu lassen. All das machte freilich die Autos auch schwerer, und dadurch wurde die ursprüngliche Sportwagen-Formel kompromittiert: einst leicht, handlich und agil, jetzt stärker, schwerer und komfortabler. Das war die sogenannte Evolution des Sportwagens, und der Jaguar E-Type überlebte auf dem Markt, weil er die Ansprüche dieses neuen Typs von Sportwagenkunde von Anbeginn an erfüllte.

Was aber veranlasste die Kunden dazu, gerade einen Jaguar zu kaufen? Diese Frage ist heute ebenso interessant wie in den 50er und 60er Jahren, als der Jaguar E entwickelt wurde. Wie geschildert hat sich der Markt in den vergangenen fünfzig Jahren grundlegend gewandelt, und während man sich heute wohl aus anderen Gründen für einen Jaguar entscheidet als damals, hat sich an der emotionalen Seite nichts geändert.

Als Jaguar 1996 den XK 8 einführte, versuchte man, das Durchschnittsalter der Käufer um zehn Jahre zu senken; waren die meisten Jaguar-Sportwagen zuvor in die Hände von 55-jährigen gelangt, zielte das Werk nun auf die wohlhabenden Vierzigjährigen. Das bot mehrere Vorteile, vor allem den, dass Jaguar mehr Autos verkaufen, aber auch, dass man jüngere Leute an die Marke binden konnte,

→ **Der XK 150 war in den USA bei Männern und auch Frauen beliebt.**

ehe diese zu Limousinenkäufern heranwuchsen. Dafür war ein neuer Marketingansatz nötig, der die Jüngeren ansprach, zugleich aber konnte man es sich nicht erlauben, diejenigen zu verprellen, die schon loyale Jaguar-Sportwagenkunden waren.

In den 50er Jahren gab es derlei ausgefeilte Marketingpläne noch nicht, man hielt sie für entbehrlich, weil der typische Jaguar-Kunde leicht zu identifizieren und bei weitem nicht so anspruchsvoll und heikel war wie heute. Heutige Autos und die für sie werbenden Kampagnen nehmen spezifische Alters- und Geschlechtsgruppen aufs Korn, damals aber reichte es, wenn der Vater oder ein Onkel einen Jaguar fuhr, um selbst auch einen zu erwerben, wenn die Zeit gekommen war. Erst in jüngerer Zeit haben die Hersteller erkannt, welche Hebel sie bedienen müssen, um einen Kunden zum Kauf ihres Produktes zu bewegen.

Keith Helfet erinnert sich daran, welche Erkenntnisse er gewann: „Etwa zu der Zeit, als Egan 1980 Jaguar übernahm, haben wir alle Kunden drei und neun Monate nach dem Kauf befragt und so Daten zu der Frage gewonnen, weshalb die Leute die Autos kauften – in der Regel aus emotionalen Gründen."

Jaguar überlebte lange Zeit hindurch aufgrund dieser Emotionen, obwohl man sich dessen damals gar nicht bewusst war. Helfet weiter: „Man kaufte einen Mercedes oder einen BMW aus rationalen Gründen; einen Jaguar aus emotionalen Gründen, weil man einen haben wollte. Und die Leute mussten sich Rechtfertigungen für diese Wahl einfallen lassen, denn der Wiederverkaufswert war niedrig und zeitweise war auch die Qualität haarsträubend."

Wenn ein Kunde den Erwerb eines Neuwagens erwägt, sticht zumeist ein Name auf seiner Liste hervor, ob aus Markenloyalität oder aus emotionalen Gründen. Auch wenn die Entscheidung bereits gefallen ist, liebäugelt der Kunde gerne vorübergehend mit einem oder mehreren anderen Produkten, wenn dies oft auch nur dazu dient, seine bevorzugte Wahl zu rechtfertigen. Herauszufinden, was zu dieser bevorzugten Wahl führt, ist die Aufgabe des Marketing – heutzutage erfüllt es sie umfassend und gründlich. Forschungen haben gezeigt, dass die wichtigsten Jahre bei der Entstehung dieser Präferenzen das Alter von

↑ Ein XK 150 in bestechender ländlicher Szenerie. Die Linkslenkung und die Weißwandreifen weisen darauf hin, dass die Aufnahme in den USA entstand.

→ **Diese Anzeige zeigt zwar einen jüngeren XJ6, der Text „Eines Tages, eines Tages" beweist aber die Macht der emotional begründeten Kaufentscheidung, die bereits sehr früh gefällt wird.**

11 bis 14 umfassen; wer zu Lebzeiten des E-Type in diesem Alter war und die schnittigen Formen des Wagens sah, den hat das sicherlich geprägt.

Wenn die Jünglinge dann in das Alter kamen, in dem sie sich einen Jaguar leisten konnten, schloss sich der Kreis, denn viele kehrten zu ihrem alten Traumwagen zurück, den nun der aktuelle Jaguar-Sportwagen repräsentierte – als der XK 8 erschien, war sich das Jaguar-Marketing dessen voll bewusst und sich sicher, dass man eine große Zahl derer, die in den 60er Jahren jung gewesen waren und sich jetzt einen Jaguar leisten konnten, anlocken könne. Wer zum Beispiel 1961 elf Jahre alt war, zählte 1996, als der XK 8 erschien, 46 Lenze und befand sich genau in der Zielgruppe, die Jaguar 35 Jahre nach der Premiere des E-Type für den XK 8 im Auge hatte. John Maries dazu: „Als ich in den achtziger Jahren für Jaguar Werbung machte, kamen die Fünfzigjährigen, damals unsere typischen Kunden, auf mich zu und sagten: Ich hab´s getan, ich habe meinen Jaguar gekauft, und wissen Sie was, das wollte ich, seit ich elf war."

Dieses Phänomen machten sich etliche Hersteller zunutze, darunter eben auch Jaguar. In den 70er Jahren schaltete das Werk eine Anzeige, die einen Schuljungen in kurzer Hose und Mütze mit seinem Schulranzen zeigte; der Knabe spähte in einen Jaguar-Schauraum, darunter stand als Text: „Eines Tages, eines Tages." Die Werbeaussage war so prägnant, dass Jaguar sie Jahre später, als man erstmals Fernsehwerbung machte, wieder aufgriff und auch hier, so wie in der Annonce mit dem Jungen, auf diese frühen Jahre der Präferenzbildung anspielte.

Eine anhaltende Nachfrage nach einem Produkt zu schaffen, ist nicht nur Aufgabe eines Werbefeldzuges allein; die richtige Mischung aus Emotion, Besitzwunsch und Funktion herzustellen, begründet sich darin, das richtige

↓ **Ein funktionaler Sportwagen – dieses Foto eines E-Type der Serie I in US-Ausführung zeigt ein Modell mit dem abnehmbaren Hardtop.**

Auto anzubieten, das die Kundenwünsche befriedigt. Das klingt einfach, aber herauszufinden, was einen Spitzensportwagen wirklich ausmacht, ist keineswegs so simpel, schon gar nicht, wenn es sich um einen Jaguar handelt.

Jaguar-Designer Julian Thomson meint, dass „... Sportwagen andere emotionale Reaktionen hervorrufen sollten als gewöhnliche Autos. Sie sollten viel aufregender sein, sie sollten das Adrenalin im Charakter des Fahrers widerspiegeln. Beim Sportwagen geht es um Funktionalität. Man muss also diese ganze Leidenschaft einfangen, und die Autos sollten toll aussehen. Jaguars müssen einfach wunderschöne Autos sein, sie müssen aber auch sehr schnell aussehen."

Die Anziehungskraft eines guten Sportwagens liegt in seiner Optik, seiner Leistung und in seiner überlegenen Straßenlage begründet. Damit ein guter Sportwagen alle diese Ansprüche erfüllt, muss er sich von seinen Konkurrenten, auch denen aus dem eigenen Haus, positiv abheben und imagemäßig auf seine Stallkollegen abfärben. Julian Thomson dazu: „Die Autos dürfen nicht vom Design her überladen sein, die Reinheit der Linie ist sehr, sehr wichtig. Sie müssen die hohe Qualität ihrer Technik zum Ausdruck bringen."

Man kann sich nicht einfach von vornherein mit dem Ziel daran machen, einen legendären Sportwagen zu konstruieren. Er ist vielmehr das Ergebnis langjähriger Liebe zum Detail, von Erprobungen, Verfeinerungen, sportlichen Leistungen, technischer Qualität und guter Verarbeitung. Schönheit und Form entstehen aus der glücklichen Vermählung von Kunst und Technik, und ein Auto, das ebendieses über einen längeren Zeitraum zum Ausdruck bringt, gewinnt den Respekt derer, die solche Eigenschaften schätzen. Im Falle der echten Sportwagen sind es oft die Leistungen der Rennfahrer, die ein Auto im Rennbetrieb erproben, die einem Wagen den Ehrenplatz in den Geschichtsbüchern verschaffen.

Ein Jaguar-Sportwagen wird nach ganz anderen Parametern und Maßstäben konstruiert und geformt als andere Sportfahrzeuge. Ohne Zweifel entsteht ein Porsche 911 auf ganz andere Weise als etwa ein Lamborghini Diablo. Julian Thomson weiß mehr: „Wie man das macht, und wie man Design gegen Funktion abwägt, das ist eine Frage dessen, was man (dem Kunden) anbieten will."

Die britischen Hersteller betrieben in den 50er und 60er Jahren sehr wenig Marktforschung, wenn überhaupt, es ist aber gewiss, dass die Menschen dieselben Emotionen zeigten wie heute, wenn ihnen ihr Traumauto begegnete. Für den Kunden besteht der Hauptunterschied darin, dass der Hersteller heutzutage sich besser darauf versteht als der Kunde selbst, sich dieser Emotionen zu bedienen und ihn in der Folge effektiver umwerben kann. In den fünfziger und sechziger Jahren waren die Kunden, im Gegensatz zu heute, kaum imstande, ihre eigenen Gefühle zu interpretieren oder zu verstehen; möglich gemacht hat das die Verbreitung der Marketingmethoden über diverse Medien.

↓ Der E-Type war zu seiner Zeit ein praktischer Sportwagen mit leicht zu bedienendem und attraktiv geformten Stoffdach.

E·TYPE
MPH

Die Entstehung des E-Type

„Der Einfluss der Rennfahrzeuge verleiht dem E-Type seine markanteste Eigenschaft, sein Design."

Museum of Modern Art, New York: „Refining the Sports Car – Jaguar`s E-Type"

1957	1958	1959	1960	1961
Vorstellung des XK 150 im Mai – letzter Vertreter der XK-Familie	Konzept des E-Type wird festgelegt	3,8-Liter ab Oktober im XK 150 erhältlich	E2A tritt bei den 24 Stunden von Le Mans an	Vorstellung des E-Type in Genf

D-Type: Design-Bindeglied zum E-Type

Malcolm Sayer war Aerodynamikspezialist und wurde von Jaguar engagiert, um schnelle, effiziente Rennautos zu entwerfen. Die Sportwagen XK 120, 140 und 150 liefen während seiner Zeit in Coventry vom Band, dennoch hatte er sich ausschließlich um die Jaguar-Rennfahrzeuge zu kümmern und sein Einfluss auf die Formgebung der Sportwagen des Hauses machte sich erst sehr viel später bemerkbar. Der Verbrauch spielte für den Jaguar-Käufer seinerzeit keine besondere Rolle, daher waren aerodynamische Optimierungen an den Limousinenmodellen nicht nötig; zudem war das Design der Limousinen die Domäne von William Lyons. Sayer kam daher bei seiner Arbeit kaum anderen Managern des Werks in die Quere; der C-Type und der spätere D-Type hatten praktisch nichts mit irgendwelchen Vorläufern gemein und das Design des C-Type zeitigte keine Auswirkungen auf die aktuelle Jaguar-Produktpalette. Als sich der D-Type aber im Rennsport bewährt hatte, bemühten sich Heynes und Sayer darum, die für diesen Wagen geleistete Entwicklungsarbeit in ein neues Projekt einfließen zu lassen.

Keith Helfet dazu: „Man beschloss nun, den XK 150 abzulösen, es gab das Design-Statement (den D-Type), und Malcolm Sayer erhielt den Auftrag, (das neue Auto) zu entwerfen." Wichtig ist in diesem Zusammenhang, dass man im Rückblick erkennt, dass D-Type/XK-SS die stilistische Richtung für den neuen Sportwagen vorgaben. Malcolm Sayer hatte eine Karosserie geschaffen, von deren Formgebung Jaguars Sportwagen jahrzehntelang zehren sollten. In gewisser Weise bewegte sich Sayer hier auf unbekanntem Terrain, denn ein Serienauto hatte er noch nie gezeichnet; bei Jaguar hatte dies bislang stets Sir William Lyons besorgt. Vergleicht man D- und E-Type miteinander, erkennt man eine chronologische Abfolge, doch sind dies die Autos von Malcolm Sayer, nicht diejenigen von William Lyons. Malcolm Sayer brachte frischen Wind in das Design, und Sir William muss der Ansicht gewesen sein, die Eleganz der Linienführung, für die Jaguar bekannt war, sei auch bei diesen Entwürfen vorhanden.

Es war wohl für Sir William nicht einfach, Malcolm Sayer die Formfindung für die Sportwagen zu überlassen, eine Aufgabe, die er seit der Firmengründung immer als eine ureigenst ihm zustehende betrachtet hatte. Jeder dieser beiden Meister hatte einen ganz eigenen Stil, und die Art und Weise, wie sie ihre Ziele erreichten, hätte nicht unterschiedlicher sein können.

Die Aufgabe, der sich Jaguar, und besonders Malcolm Sayer, gegenüber sah, bestand darin, einen nahtlosen Übergang zwischen dem auslaufenden XK 150 und dem neuen E-Type zu bewerkstelligen und dabei die neue Technik und die innovativen Konstruktionsmethoden des

→ Malcolm Sayer (links außen) mit Bill Heynes (Hand am Wagen) und weiteren Kollegen neben einem frühen D-Type, am Volant Norman Dewis.

Sportwagen: XK 120/140/150

Rennfahrzeuge: C-Type/D-Type

E-Type
(mit Elementen aus beiden Entwicklungslinien)

D-Type zu integrieren. Brian Martin arbeitete an den frühen E-Type-Erprobungswagen: „Der E ist eng mit dem D-Type verwandt, sie sind ganz ähnlich konstruiert. Natürlich kamen jeweils andere Materialien zum Einsatz und die Materialien wurden auf andere Weise verarbeitet, das Prinzip war aber dasselbe."

Der Übergang zum neuen Modell lief so glatt, weil der E-Type und der konzeptionell eng mit ihm verwandte D-Type einander so nahe standen. Nach den Motorsporterfolgen von C- und D-Type legte die Jaguar-Werbeabteilung Wert darauf, sich diese Tatsache zunutze zu machen; der logische Alphabet-Schritt zum E-Type drängte sich dafür geradezu auf.

Der Kreis schloss sich: So wie der D-Type vom XK 120 abgeleitet war, der die Basis für die späteren XK 140 und 150 bildete, so war der E-Type vom D-Type abgeleitet, der seinerseits aus dem C-Type entwickelt worden war. Zwar gibt es keine direkte stilistische Verbindung zwischen XK 150 und E-Type, unzweifelhaft sind aber dessen Gene auf die ihm vorausgehenden XK-Sportwagen zurückzuführen.

↑ Die kräftige, muskulöse Linienführung des D-Type zeigt sich in dieser Seitenansicht.

↑ **Die Ahnenreihe: XK 120, C-Type, XK-SS und E-Type (von vorne nach hinten)**

Jaguar Journal, die angesehene Werkszeitschrift von Jaguar Cars Ltd., wurde 31 Jahre lang, von 1933 bis 1964, von Werbeleiter Ernest W. Rankin herausgegeben. Als Chefredakteur des Blattes hob „Bill" Rankin, wie man erwarten durfte, die Tugenden des neuen Jaguar-Sportwagens in den Himmel. Der Artikel, der in der Nummer vom März 1961 stand, erläuterte, dass „das Grundkonzept des Autos sich so eng wie möglich am D-Type orientiert; tatsächlich wurden alle Hauptkonstruktionsmerkmale des D-Type in den neuen Entwurf übernommen."

Zu den wichtigeren Merkmalen, von denen hier die Rede war, gehörte die Konstruktion der Karosserie. Sie folgte dem Monocoque-Prinzip, war also selbsttragend ausgelegt – die Außenhülle trug die Lasten und bildete die Karosserie aus. „Es gibt keinen Rahmen mehr, alle Lasten werden von der Karosserie und den Hilfsrahmen getragen. Die Karosserie besteht fast zur Gänze aus 20er-Stahlblech (von 0,91 mm Stärke) und die gerundete Form der Paneele – die sich aus der Stromlinienform des Wagens ergibt – trägt erheblich zu der immensen Verwindungssteifigkeit des Aufbaus bei. Außerdem wird die ganze Karosserie zu einer Einheit verschweißt und alle Paneele – auch die äußeren – sind lasttragend ausgelegt", hieß es weiter.

Für den Jaguar-Fan auf der Straße war der E-Type einfach der Nachfolger des ältlichen XK 150; das war zwar korrekt, doch hatte der E-Type seine Wurzeln im Rennsport und entstand aus dem, was man dort mit dem D-Type gelernt hatte. Jim Randle erläutert: „Nun, die gesamte Grundstruktur (des D-Type) war (mit dem E-Type) identisch. Es gab eine selbsttragende Cockpitzelle mit Gitterrohrrahmen vorne, genauso wie beim E-Type. Da war sehr viel D-Type und SS mit drin. Hatte man auch erwarten können."

Die Entwicklung des E-Type (1957-1961)

Beim E-Type stellte sich das Werk von der traditionellen Bauweise mit separatem Rahmen auf eine selbsttragende Struktur um; der XK 150 war in der Tat der letzte Jaguar mit einem Rahmenchassis – das Ende einer Ära. Statt die Karosserie auf den Rahmen aufzusetzen, montierten die Arbeiter am Fließband die einzelnen Komponenten an die sogenannte zentrale Wanne, das Kernstück der Karosserie.

Sie setzten keine Teile mehr von oben oder von unten her ein, da alle Fahrwerks- und Antriebskomponenten auf Höhe der Basis der zentralen Wanne angesetzt wurden, die sich auf Augenhöhe der Arbeiter auf dem Fließband befand.

Malcolm Sayer hatte die Bauweise des E-Type mit anderen Augen analysiert, da er ja aus dem Flugzeugbau kam, und es ist klar, an welchen Vorbildern er sich dabei orientierte. Schon für E1A und E2A hatte Sayer Konstruktionsmethoden angewandt, die denen ähnelten, die er früher bei Bristol für den Bau von Einsitzer-Flugzeugen genutzt hatte. Der Flugmotor wurde dabei über einen Hilfsrahmen aus Rohren und Querträgern am Rumpf befestigt, der Rahmen selbst vor dem Cockpit installiert; er war im Bedarfsfall komplett abnehmbar. Ganz ähnlich waren Motor und Vorderachse des E-Type an einem Hilfsrahmen verankert, der vor der Schottwand der zentralen Wanne verschraubt wurde, was gemeinsam eine äußerst robuste und steife Struktur ergab. Diese Bauweise ermöglichte es auch, den E-Type wesentlich flacher als den XK 150 zu halten, bei dem eine hohe Karosserie auf einem wuchtigen Rahmen thronte.

Der E-Type bestand demnach aus drei Hauptkomponenten: zentrale Wanne, vorderer Hilfsrahmen für Motor und Achse, dann die Hinterachse, die ihrerseits komplett vorgefertigt montiert wurde. Dieses neue, aus drei Teilen bestehende Konzept löste die alte Bauweise mit Rahmen ab, bei der es zwei Hauptbestandteile gegeben hatte, nämlich den fertigen Rahmen und die komplette Karosserie, die von oben auf den Rahmen aufgesetzt wurde. Die Umstellung auf die Methode, sämtliche Komponenten auf der gleichen Höhe zu installieren, ermöglichte den Arbeitern am Fließband ein sehr viel effizienteres Vorgehen.

Die neue Konstruktionsweise erlaubte es auch, den E-Type im Rennsport rasch instand zu setzen; Schäden an der Frontpartie wurden einfach dadurch behoben, dass man die beschädigte Schnauze entfernte und eine neue festschraubte. Dass die beiden von der Art her vollkommen unterschiedlichen Bänder, an denen die Limousinen und der E-Type entstanden, nebeneinander standen, zeitigte im Werk keinerlei Probleme. Der Bau des E-Type vollzog sich viel einfacher; in der Tat waren die Arbeiter lieber mit dem E-Type beschäftigt, weil sie an Motor oder Fahrwerk herankamen, ohne über die voluminösen Radkästen gebeugt in einem engen Motorraum hantieren zu müssen.

Malcolm Sayer war in mancherlei Hinsicht ein bemerkenswerter Mann. Er führte nicht nur innovative Konstruktions- und Aerodynamikprinzipien ein, ihm gelang dies auch in relativ kurzer Zeit; zudem konnte er diese revolutionäre neue Konstruktions- und Bauweise auch seinen Kollegen in den verschiedenen Abteilungen ohne größere Probleme andienen. Sayer arbeitete fast allein und ohne fremde Hilfe, da niemand im Werk begriff, wie er seine Skizzen und Entwürfe anfertigte. Auf den Pressefotos ist neben dem E-Type üblicherweise Sir William Lyons zu sehen, in Wirklichkeit hatte er mit dem Entwurf des Autos

← **Frühe E-Type-Produktion in der Browns Lane, Coventry**

kaum etwas zu schaffen; sein Einfluss beschränkte sich auf die Gestaltung der Stoßstangen und ähnliche Kleinigkeiten.

Norman Dewis erinnert sich daran, wie Sayer arbeitete: „Er arbeitete allein, bis zu den schematischen Zeichnungen an der Wand seines Büros, die die ganze Wand einnahmen. Da gab es alle diese Bögen in verschiedenen Farben – rot, grün und blau –, überall auf dem Papier waren Bögen, und alle paar Zentimeter senkrechte Linien, überall, und jede Linie hatte eine Nummer, eine eigene Nummer, und davon ausgehend berechnete er seine Bögen. Ich arbeitete öfter mit ihm zusammen, weil ich im Winter keine Testfahrten im Freien durchführte; ich saß da und fragte Malcolm: Was sollen diese ganzen Linien? Und er sagte: Nun, das ist das Auto, und ich antwortete: Halt mal, wo ist die Motorhaube? Er antwortete: Folge der blauen Linie. Und ich: Und wo ist der Kotflügel? Und er: Da ist er, die rote Linie. Ein Auto konnte man darin nicht erkennen, aber alle diese Kurven ergaben die Form, und er pflegte sie auf andere Zeichnungen zu übertragen, zu Harry Rogers vom Karosseriebau zu gehen und zu sagen: Könnt ihr das so machen? Und Rogers begann nach und nach damit, die Paneele herzustellen und im Laufe der Zeit konnte man sehen, wie das Ganze Form annahm. Als Malcolm starb, er starb völlig überraschend und es war ein Schock für uns, er war erst 54, da kamen Leute in sein Büro, kluge Leute, die dachten, sie würden sich mit Bögen und Linien und so weiter auskennen, aber nicht ein einziger konnte seine Zeichnungen entschlüsseln; keiner kannte sich aus."

Im Rückblick können wir feststellen, dass der E-Type für den D-Type das war, was der C-Type für den XK 120 gewesen war; jedes neue Modell hatte sich auf eine neue technologische und aerodynamische Ebene gehievt. Allerdings musste der E-Type, trotz der Rennerfolge des D-Type, in vielen Punkten abgeändert und seine Bauweise modifiziert werden, da er als Großseriensportwagen konzipiert war. In den Jahren 1957 bis 1961 baute das Werk eine sehr geringe Zahl an Prototypen, die zur Serienversion des E-Type führten; hinter den Kulissen fanden aber umfangreiche Entwicklungsarbeiten statt. Man sprach sogar davon, einen kleineren Sportwagen zu bauen, der mit dem 2,4 Liter großen XK-Motor des Mark I ausgerüstet werden sollte, doch guter Rat vom US-amerikanischen Importeur überzeugte Lyons davon, dass der Name Jaguar für Leistungsstärke und hohe Fahrleistungen stand und ein kleinvolumiger Sportwagen ihm nicht gerecht würde.

Obwohl D-Type und XK-SS eine starre Hinterachse aufgewiesen hatten, wurden zwei D-Type mit frühen Ausführungen der neuen hinteren Einzelradaufhängung versehen. Diese ersten Achsen waren die Vorläufer der in den Prototypen E1A und E2A verwendeten Achsen und unterschieden sich ein wenig von der Ausführung im Serien-E-Type. Oberflächlich betrachtet tat sich zwischen dem E1A des Jahres 1957 und der Vorstellung in Genf 1961 nicht mehr sehr viel, allerdings waren diese vier Jahre prall gefüllt mit Entwicklung und Erprobung von Komponenten und der neuen Baumethode.

↓ **Konstruktionszeichnung von Monocoque und vorderem Hilfsrahmen des E-Type der Serie I. Dieser Entwurf von Malcolm Sayer war überaus leicht und dabei doch sehr robust.**

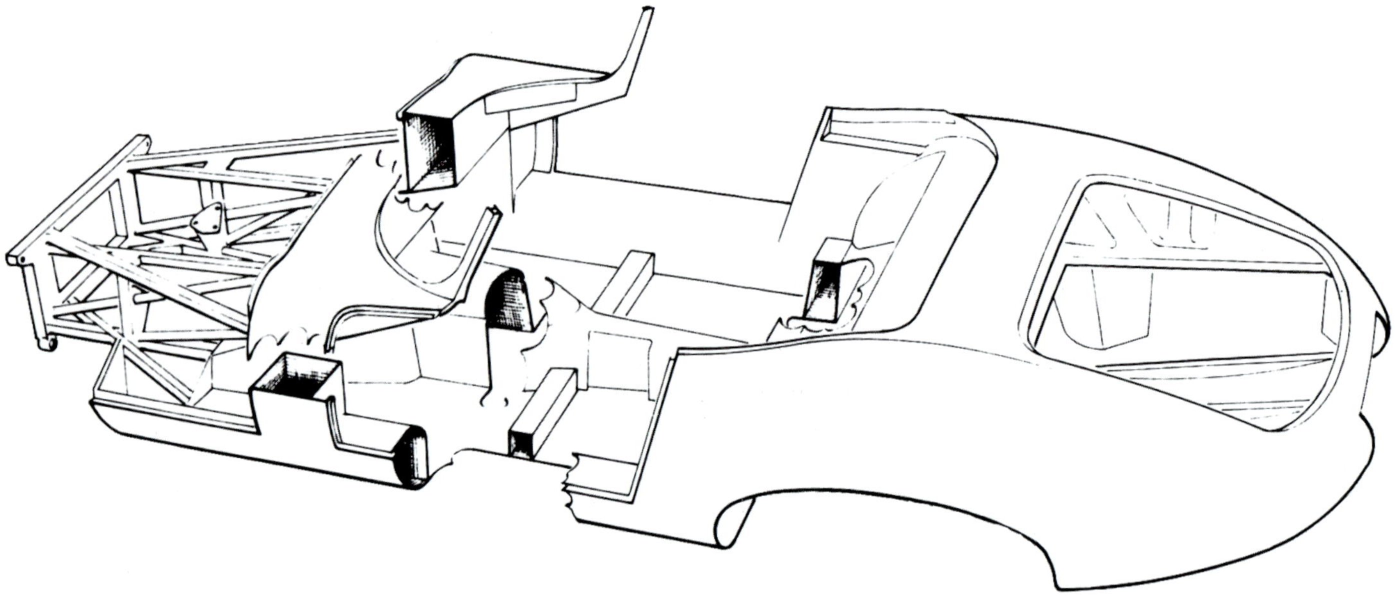

Tom Jones erläutert den Hintergrund der neuen Jaguar-Achse: „Die Einzelradaufhängung des Serienwagens war nichts Neues. Ich habe die Achse für den Mark X konstruiert, man hat sie für den E-Type verkürzt und dann für die kleinen Limousinen wieder verlängert, es war aber immer derselbe Entwurf; unterschiedlich war nur die Länge der Antriebswellen. Die Achse kam in allen Modellen zum Einsatz."

Brian Martin erzählt: „E1A war weniger ein Entwicklungsauto, obwohl er zu Entwicklungszwecken in großem Umfang herangezogen wurde. Er war mehr ein Probesprung ins kalte Wasser." Das bestätigt, dass sich die Ingenieure zu diesem Zeitpunkt noch nicht völlig im Klaren waren, was die Komponenten und die bestmögliche Konstruktion des E-Type anging, da E1A noch auf ähnliche Weise aufgebaut war wie der D-Type, nämlich in Handarbeit; bis zum E-Type war es noch ein weiter Weg.

Schon früh stand fest, dass Jaguar das Serienmodell nicht aus Aluminium würde fertigen können, daher wechselte man während der Entwicklung zu Stahlblech. Die nächste Hürde bestand darin, eine Quelle für die gepressten Bleche aufzutreiben, da man das Serienauto nicht nach Art von D-Type und XK-SS in Handarbeit im eigenen Haus fertigen konnte. Man musste sich eine Bauweise einfallen lassen, die die Montage erleichterte, sie erproben und einführen. Schließlich war da noch die Frage der hinteren Einzelradaufhängung, deren Konstruktion man zwar in Angriff genommen hatte, die sich aber noch auf der Straße bewähren musste. Die Entwicklung der Hinterachse war für den angestrebten Federungskomfort wichtig; im Falle von E1A war sie noch von Hand hergestellt und in Einzelteilen unter die Karosserie eingesetzt, nicht, wie geplant, als komplett vormontierte Einheit verbaut worden.

Brian Martin hatte das Glück, von Anfang an dabei gewesen zu sein: „Wir arbeiteten an dem handgefertigten Fahrwerk des ersten E-Type, nicht des ersten Autos, sondern der ersten Modelle, etwa 1958. Es ging schlicht und einfach darum, was wo befestigt werden konnte, wie alles in das Auto passte, was nötig war, wie viel Platz wir zur Verfügung hatten, solche Dinge."

Man kann durchaus sagen, dass der E-Type, wie wir ihn kennen, mit Chassisingenieur Tom Jones seinen Anfang nahm. In einem Interview mit dem Autor sagte er: „Damit fing Malcolm an, mit Spurweiten und Radstand, und mehr gab ich ihm nicht; dazu die Höhe des Motors und seine Einbaulage, und davon ausgehend arbeitete er." Im Grunde gab Tom Jones Sayer die Abmessungen des E-Type als Grundlage seiner Arbeit, um die herum dieser die Karosserie entwarf. Damit haben wir ein relativ modernes Beispiel für ein Auto vor uns, das unter Führung der Ingenieure, nicht der Marketingabteilung entstand, wie es heute weit verbreitet ist.

Jaguar-Designchef Julian Thomson kann das nur bestätigen: „Da haben Sie wohl Recht; da legt ein Ingenieur fest, wie das Auto aussehen soll. Ich bin sicher, dass man nicht zum Marketing ging und fragte, welche Wünsche man dort hatte, denn dort hätte es geheißen: Wir wollen einen (XK)

↓ Schnittzeichnung des frühen Serien-E-Type aus der Zeitschrift *Motor*.

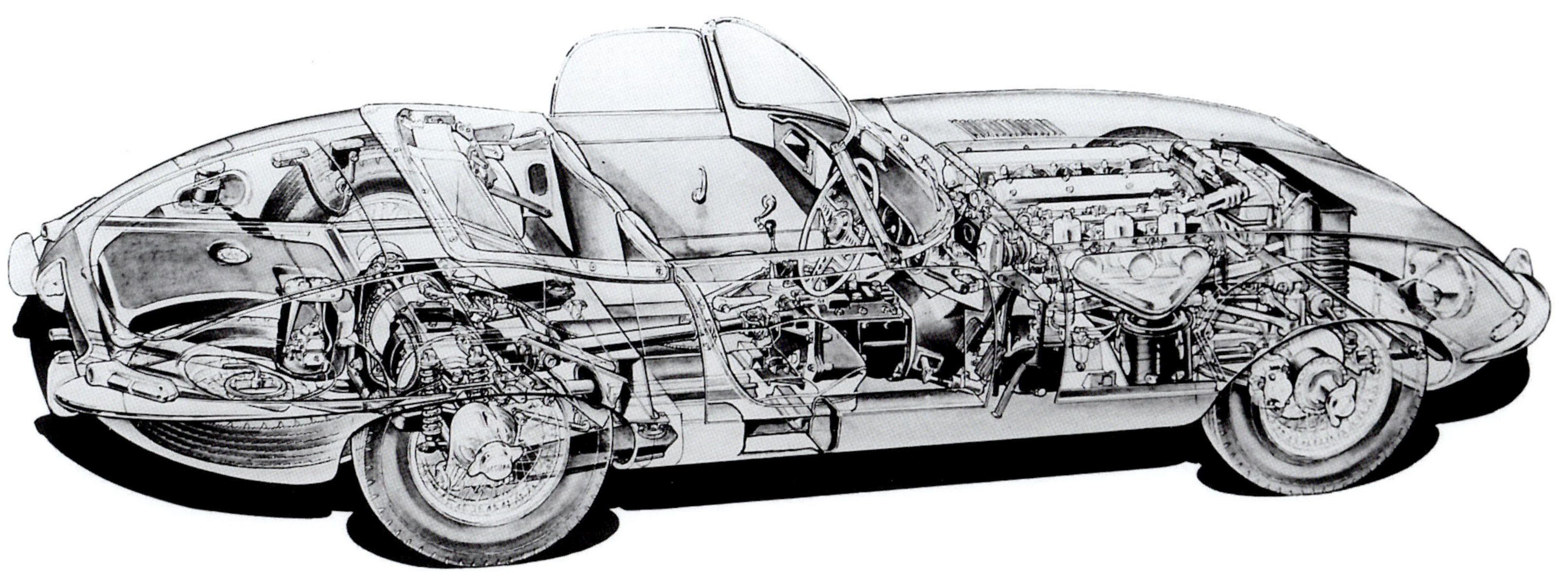

↑ Die Handschrift Malcolm Sayers verrät sich in der sinnlich geschwungenen Gürtellinie, der sanften Krümmung der hinteren Kotflügel und dem sanft nach hinten abfallenden Dach. Diese Aufnahme zeigt die kraftvolle Silhouette des E-Type.

120 mit einem zusätzlichen Aschenbecher, größeren Fenstern und einem größeren Kofferraum."

Man muss aber auch einräumen, dass es damals keine Designstudios nach heutiger Art gab, und generell die Techniker sehr viel zum Design beitrugen. Betrachtet man die großartigen Entwürfe, die diese Techniker ablieferten, dann sieht man die Rolle, die sie traditionell bei der Entwicklung neuer Modelle spielten, mit anderen Augen. Dennoch war es ein Balanceakt, die technischen gegen die ästhetischen Belange des Autos abzuwägen; die damaligen Ingenieure mussten sich mit beidem auskennen und wissen, wie sie miteinander zusammenhingen.

Thomson weiter: „Man kann nicht sagen, dass hier nur die Technik ein Statement abgab, wie die Zukunft aussehen sollte, denn es handelt sich um die noble Vision von Menschen, die genau wussten, wie alles ineinandergriff, was dieses Auto ausmachte."

Die Formensprache des E-Type

Autodesigner sind ganz normale Leute und lassen sich von ähnlichen Faktoren beeinflussen wie andere Kreative, etwa von gewissen Kunstrichtungen, dem zeitgenössischen Styling, strukturellen Formen, der Natur oder auch von anderen Verkehrsmitteln wie der Luftfahrt oder nautischen Themen. Styling enthält aber sehr emotionale und expressive Komponenten, während Design zwar eher wissenschaftlich orientiert ist, aber auch Stylingelemente umfassen muss, um in einem Sportwagen erfolgreich Kraft oder Tempo zum Ausdruck bringen zu können.

Keith Helfet zu diesem Thema: „Malcolm Sayer war Aerodynamiker, Designer und Künstler; er hat Aquarelle gemalt. Was ihm selbst wohl verborgen geblieben ist: Er war, wie Sir William, auch ein unglaublicher Bildhauer. Er besaß diese Gabe, diese Wandlungsfähigkeit, diese Leidenschaft – sonst wären diese Autos nicht so schön. Man kann das nicht genau definieren, manche haben es einfach, andere nicht."

Im März 1961 hieß es im *Jaguar Journal*: „Der Jaguar E-Type ist nicht einfach nur ein Sportwagen im herkömmlichen Sinn. Er vertritt ein gänzlich neues Konzept schnellen Autofahrens." Weiter las man dort, dass das Werk einen Sportwagen habe realisieren wollen, der von den Fahrleis-

tungen her mit den Besten seiner Zeit mithalten, zugleich aber den Komfort, die Sicherheit und die sanfte Federung der Jaguar-Limousinen bieten solle.

Ehe wir uns der Schönheit des E-Type und deren Geheimnissen zuwenden, müssen wir analysieren, wie es zur Grundform des E-Type kam. Da es keinen separaten Rahmen wie beim XK 150 und keine durchgehende Plattform wie bei den selbsttragenden Limousinen gab, mussten beim Entwurf des E-Type einige Besonderheiten berücksichtigt werden.

Auf das Package kommt es an, wie Jim Randle erläuterte: „Zunächst einmal ist wichtig, wo man den Motor unterbringt, und beim E-Type folgte man in diesem Punkt der Logik. Wenn man den Schwerpunkt hinter die Vorderachse verlegt, bestimmt das den Innenraum; der Innenraum bestimmt dann, wo die Hinterachse zu liegen kommt. Das Design steht damit aber noch nicht fest, wenigstens nicht vollständig. Die Lage der A-Säule, die sich stark auf das Design auswirkt, wird von der Gestaltung der vorderen Schottwand bestimmt, und auch die Bauhöhe des Motors wirkt sich auf die Form aus. Und dann kommt es vor allem darauf an, wie viel Gepäckraum vorhanden sein soll."

Beim Entwurf des E-Type hielt Malcolm Sayer das Profil des Autos für grundlegend und räumte daher diesem Teil der Form größte Priorität ein. Mit seinen mathematischen Formeln und von der Ellipse ausgehend berechnete Sayer die klassische Silhouette und definierte Stoßstangen, Leuchten, Fenster und weitere Elemente des Außendesigns. Seine Sorgfalt im Detail ergab flüssige, durchgehende Linien, die die Luft widerstandslos über die Karosserie strömen ließen. Nichts stand diesen Luftströmungen im Weg, und die fließenden, sinnlichen Linien dieser perfekten Form waren und sind ein Augenschmaus.

Um die Gedankengänge und die Methodik der Designer und Stilisten zu verstehen, die den E-Type entwarfen, muss man etwas tiefer in die komplexe Kunst dieser Profession eintauchen. Sowohl William Lyons als auch Malcolm Sayer brachten Entwürfe hervor, die zu den meistbewunderten des 20. Jahrhunderts zählten, gelangten jedoch auf völlig unterschiedlichen Wegen dahin. Lyons war Autodidakt, konnte kaum zeichnen und arbeitete mit 1:1-Modellen, die

↓ **Von den verkleideten Scheinwerfern und den sanften Rundungen von Motorhaube und Kotflügeln bis zu der Ausbuchtung in der Haube – alles kündet von höchster Geschwindigkeit. Selbst die Blinkleuchten mit den integrierten Parklichtern sind stromlinienförmig gestaltet. Der relativ kleinflächige Kühllufteinlass und seine Rundung sind von Sayer auf größtmögliche Anströmung des Kühlers ausgelegt, damit der kraftvolle XK-Motor nicht überhitzt.**

seine Karosserieabteilung aus Blech herstellte, während Sayer lebensgroße Skizzen an den Wänden oder gar auf dem Fußboden des Designstudios anbrachte. An den fertigen Autos montierte er Wollfäden und fuhr neben ihnen her, wenn sie auf der MIRA-Teststrecke nördlich von Coventry erprobt wurden, um zu sehen, wie die Luftströmungen verliefen. Kurz, Malcolm Sayer ging völlig anders an die Aufgabe heran, einen effizienten Sportwagen zu entwerfen.

Der faszinierenden Welt von Styling und Design kann man in einem mageren Absatz nicht Genüge tun; dennoch ist eine Einführung in Linie und Form als Designmittel notwendig, um einschätzen zu können, wie überragend die Gestalt des E-Type gelungen ist.

Keith Helfet: „Das war eine Offenbarung für mich. Wenn man als Ingenieur arbeitet, fängt man irgendwann an, sich um schöne Formen Gedanken zu machen. Die schönsten Formen gehen häufig von einem Frauenkörper oder Teilen des Frauenkörpers aus, denn eine Form oder eine Linie kann Bewegung haben. Ein Punkt ruht. Eine Linie hat eine Richtung. Wenn eine Kurve einen gleichmäßigen Radius aufweist, sehen die Augen in dieser Kurve eine gleichmäßige Geschwindigkeit. Wenn eine Kurve enger wird, wird sie gleichsam schneller, daher wirken manche Formen plump und aufgeblasen, andere wirken schlank und spannungsgeladen. Wenn man sich den (XK) 120 ansieht und nur auf die Linienführung achtet, erkennt man, dass der 120 in seinen Linien eine unglaubliche Bewegung ausstrahlt. Der E-Type sieht im Stand aus, als bewege er sich, weil seine Formen dynamisch wirken; andere Formen wirken statisch oder weniger dynamisch. Natürlich kann das an den Linien oder an der Form liegen. Man kann Bewegung ‚fühlen', und ich entwerfe oft nach Gefühl."

Zwar war der E-Type prinzipiell vom D-Type abgeleitet, übertraf ihn aber in der Länge deutlich, was ihn noch stromlinienförmiger und schlanker wirken ließ. Die Geschichte hat uns anhand von Autos wie Bentley, Mercedes SSK, Renault und Napier des frühen 20. Jahrhunderts bewiesen, dass lange Motorhauben im Betrachter den Eindruck von Tempo und Kraft erwecken. Unter einer langen Haube saß, so schien es, auch ein großer Motor; das galt auch für den E-Type, obschon die lange Frontpartie in Wirklichkeit nötig war, um ausgewogene Proportionen zu erzielen. Die Länge der Haube wurde zudem durch die schmale Form des Wagens und durch die eingezogenen Schweller unterstrichen; bei anderen Sportwagen waren die Flanken gerade durchgezogen. Durch diese gleichsam gestreckte Zigarrenform wirkte der E-Type überaus schnell.

Malcolm Sayer wusste das und ließ die Motorhabe des E-Type noch länger ausfallen als die des Wagens, auf dem er basierte, obgleich der Motor schon im D-Type über mehr als genügend Platz verfügte. Sayer wollte seine Botschaft deutlich machen, insbesondere in Amerika, wo diese Art von sportlicher Körpersprache besondere Beachtung fand. Amerikanische Kunden waren häufig besessen von Muscle Cars und Leistung und verzehrten

„Obwohl die revolutionäre Erscheinung des E-Type auf reinem Funktionalismus und Sayers Streben basierte den Luftwiderstand zu senken, stellt sein Design unter den Jaguar-Wagen keine Anomalie dar. Die Autos sind flüssig geformt, was Sir William Lyons´ Vorliebe für Rundungen widerspiegelt. Sie deuten Bewegung an und setzen eine enge Beziehung zwischen dem Automobil, den Elementen des Windes und dem Erdboden voraus.“

Museum of Modern Art, New York
„Refining the Sports Car – Jaguar‘s E-Type“, April 1966

← Hier sieht man die Schlitze links und rechts an der Motorhaube und den Luftauslass am hinteren Ende der Motorhaubenausbuchtung, die allesamt den Austritt der heißen Luft aus dem Motorraum ermöglichen.

sich nach den sinnlichen Formen europäischer Sportwagen, daher war es lohnend, die kraftvolle Sprache der langen Motorhaube zu sprechen.

Die Motorhaube des E-Type ist schon an und für sich genommen eine veritable Leistung und trägt trotz ihrer Ausmaße nichts zur Steifigkeit des Karosseriekörpers bei. Die Haube ist nicht lasttragend und lässt sich über ein Scharnier am vorderen Hilfsrahmen nach vorne hochklappen. Möglich war dies, weil auch die Vorderachse an diesem Hilfsrahmen, der den Motor trug, befestigt und daher, anders als bei den selbsttragend konstruierten Limousinen, nicht an der Karosserie verankert war. Das war eine eher ungewöhnliche Bauweise, wo es beim Sportwagen gerade auf Stabilität und Verwindungsfreiheit ankommt; ein Sportwagen muss a priori steif sein, um seine Kraft auf den Boden bringen und mit ansprechender Straßenlage und gutem Federungskomfort aufwarten zu können.

Die Ausbuchtung in der Motorhaube diente nicht nur ästhetischen Zwecken. Da die Frontpartie sehr flach gehalten war, ließ sich diese Ausbuchtung nicht vermeiden, um für das vordere Ende des Motors Raum zu schaffen; sie wurde bis zur Windschutzscheibe durchgezogen, auch, um der riesigen Haube strukturelle Steifigkeit zu verleihen. Obwohl der XK-Motor mit seinen obenliegenden Nockenwellen hoch baute, stellte platzmäßig nur die vordere Kante des Ventildeckels ein Problem dar, da der Motor um drei Grad nach hinten geneigt verbaut wurde und damit in Richtung Spritzwand mühelos unterzubringen war. Jim Randle erläutert: „Ich glaube, zum Designproblem wurde es, weil der Motor vorne nicht unter die Haube passte, und wenn man die Ausbuchtung nicht nach hinten verlängert hätte, hätte das etwas seltsam ausgesehen. Ich glaube, der ‚Alte Knabe' setzte die Beule durch."

Aus einer reinen Designperspektive betrachtet ergänzte die Ausbuchtung auf der Motorhaube die sinnlich geformten Radausschnitte perfekt, ein weiterer Beleg für die Brillanz des Teams Lyons und Sayer. Die Motorhaube des E-Type erweckte in der Tat aus mehreren Gründen die Aufmerksamkeit der Konstruktionsabteilung. Die nach vorne hochklappende Haube gewährte, wie bei C- und D-Type, ausgezeichneten Zugang zum Motor, trotz der Schwierigkeiten mit der Bauhöhe des Motors, doch mussten die Ingenieure auch dafür sorgen, dass die heiße Abluft den Motorraum verlassen konnte. Das erreichte man auf zweierlei Weise: zum einen durch einen schmalen Schlitz am hinteren Ende der mittigen Wölbung, eine hübsche und formal gelungene Lösung, zum anderen durch zwei Reihen von Luftschlitzen links und rechts von der Ausbuchtung, über die der Fahrtwind die im Motorraum vorhandene Heißluft heraussog.

Diese Luftschlitze waren technisch unabdingbar, unterstrichen aber durchaus den Eindruck, dass sich unter der Haube ein Hochleistungsmotor befinde. Aufgrund der Gestaltung der E-Type-Frontpartie waren die Schlitze aber nicht optimal platziert. Jim Randle: „Die Schlitze dienten der Heißluftabführung, wenn ein schneller Fahrtwind über sie strich und so die Luft unter der Haube heraussaugte, die Stelle, an der diese Schlitze saßen, war aber ungünstig, da in einer Zone des Unterdrucks gelegen."

Die Gestalt des vorderen Kühllufteinlasses ging auf stilistische wie auf aerodynamische Belange zurück. Dank der umfangreichen Erprobungen und der Motorsporterfahrungen mit dem D-Type konnte der „Mund" des E-Type im Vergleich zu anderen damaligen Sportwagen klein und damit attraktiv gehalten werden. Daher war ein Kühlergrillgitter entbehrlich; es genügte ein schmaler horizontaler Mittelsteg, was auch Gewicht einsparte, denkt man etwa an den schweren Chromgrill der älteren XK-Sportwagen.

Aufgrund der Lage des E-Type-Cockpits, wie oben erläutert, entsprach der langgestreckten Motorhaube ein kurzes Wagenheck. Auch dafür sprachen gute Designgründe, denn Malcolm Sayer wollte aus aerodynamischen Erwägungen heraus ein spitzes, kurzes Heck, an dem sich der Luftstrom nicht brach und keinerlei Verwirbelungen hervorrief.

→ Der hochgezogene Unterboden und das sanft abfallende Dach sollen die Ablösung der Luftströme vom Wagenheck erleichtern, die Gesamtform windschlüpfig machen und verhindern, dass die Luft am Heck „hängen bleibt."

↑ **Der Serien-E-Type ist fünf Zentimeter breiter als der erste E-Prototyp des Jahres 1956.**

Die Positionierung der Fahrzeugachsen ermöglichte es Malcolm Sayer, die vorderen und hinteren Karosserieüberhänge zu optimieren, was sich deutlich auf die aerodynamische Effizienz des E-Type auswirkte. Keith Helfet erklärt das Konzept: „Die Überhänge erlauben es, das Auto strömungsgünstig zu gestalten, bei kurzen Front- und Heckpartien ist das schwieriger." Der vordere Überhang ist dabei eher kurz; der hintere Überhang ist es, der den Eindruck von großer Windschlüpfrigkeit herstellt. „Man kann die Zigarrenform des Autos sehen, in welchen Winkeln die Luft an- und abströmt", so Helfet weiter.

Tom Jones denkt mit einem Lächeln auf den Lippen zurück: „Natürlich war die Aerodynamik des E-Type Malcolm Sayers Geheimnis. Er sprach nicht über seine Methoden, nicht einmal Bill Heynes gegenüber. Niemand wusste also etwas darüber; ich hatte ihm den Radstand und die Lage der Achsen gegeben, aber die Überhänge waren seine Sache."

Vielleicht im Hinblick auf den künftigen Entwurf, mit dem er bereits schwanger ging, verlängerte Sayer am Le Mans D-Type des Jahres 1955 die Frontpartie. Dieser „langnasige" D-Type war ein Experiment mit der Aerodynamik; im Rennen erwies es sich als nachteilig für die Kühlung des Motors – das Auto schied überhitzt aus. Tom Jones erinnert sich: „Niemand wusste Bescheid. Ich erfuhr von Malcolm nur, dass ich die Öffnung an der Nase nicht verkleinern musste und dass der Radius der Öffnung nicht verringert werden musste, diese Lippe hatte einen Radius von einem Zoll."

Offensichtlich war der Radius der vorderen Kühlluftöffnung des D-Type grundlegend wichtig für die Kühlung des Rennwagens, die Luftanströmung der Motorhaube und die gesamte Aerodynamik der Frontpartie, und laut Sayer sollte daran nichts geändert werden. „Anderes durfte ich ändern, das aber nicht", so Tom Jones lachend.

Seiner rennsportlichen Abstammung gemäß verzichtete der E-Type auf unnötigen Schnickschnack; Zierrat und ein Übermaß an Chrom, wie in Amerika seinerzeit üblich, waren tabu. Sayer ließ das Design sprechen, und die schlichte Linienführung sowie das Fehlen von Ornamenten brachte die Formen des E-Type voll zur Geltung. Kleine, schmale Stoßstangen an Front und Heck betonten ebenfalls die Linien der sinnlichen E-Type-Silhouette und ließen das Auto schon im Stand rasant erscheinen.

↑ **Für einen Sportwagen mit dem Leistungspotenzial des E-Type ist der Innenraum erstaunlich licht und geräumig geraten. Die Seitenscheiben erinnern an die Verglasung des Spitfire-Jägers aus dem Zweiten Weltkrieg, ein klassisches britisches Design.**

„Sir William war an den Stoßstangen beteiligt", erinnert sich Tom Jones amüsiert. Dieser Kommentar zeigt, in welch geringem Umfang Sir William Lyons an der Formfindung der E-Type-Grundgestalt Anteil hatte; Malcolm Sayer und sein Team hatten bei der Entwicklung nahezu freie Hand, und das, obwohl der Chef anfangs für die Richtung, in die sich das Design bewegte, nur wenig Begeisterung zeigte.

Ein Blick in die damaligen Ausgaben des *Jaguar Journal* offenbart, dass das Werk sich alle Mühe gab, den Bedürfnissen des Sportwagenfahrers mehr denn je entgegenzukommen. Zwar war der Kofferrauminhalt beim Roadster beschränkt, doch im Coupé ließen sich auch lange Strecken stilvoll und bequem und unter Mitnahme von ordentlich Gepäck zurücklegen. Über die große, seitlich aufschwingende Heckklappe kam man an das Gepäck heran, und der Kofferraumboden war mit Längsleisten versehen, die die Habseligkeiten oder Gepäckstücke schützten. Wer mehr transportieren wollte, konnte das Lehnenoberteil der Rücksitzbank

← Der E-Type wurde umfangreichen Erprobungen in allen Aspekten der Sicherheit und des Komforts unterzogen. Hier findet der Test auf Wasserdichtheit statt.

Motorsport dienen konnte, wenn man gewisse Karosserieteile und die Windschutzscheibe abbaute. Limousinen galten hingegen als „Tourenwagen", zweifellos, weil man in ihnen lange Strecken zurücklegen konnte, und der Terminus „Gran Turismo" kam bei Autos zum Zuge, mit denen man schneller und stilvoller vorankam. Erst durch die Intervention der Marketingabteilungen wurde das Kürzel „GT" später für sportliche Varianten gewöhnlicher Limousinen verwendet. Modelle wie der Ford Taunus/Cortina GT, der Vauxhall Viva GT und zahlreiche andere waren keinen Deut mehr ein GT als die Limousinen, auf denen sie basierten und spielten ganz gewiss nicht in einer Liga mit GT-Fahrzeugen wie dem Jaguar E-Type, einem Maserati oder Ferrari. In den 50er und 60er Jahren stand das Gran Turismo Segment für schnelles, komfortables Reisen mit Stil, in einem Auto, das sich durch niedrige Produktionszahlen, hohen Preis und ein besonderes, markantes Design auszeichnete. Diese Autos waren flacher, schnittiger, leistungsstärker, sie besaßen nur zwei Türen und warteten in der Regel mit guter Aerodynamik und hohen Fahrwerten auf.

Um die Schwierigkeiten zu schildern, die bei der Entwicklung einer sowohl schönen wie auch aerodynamisch günstigen Karosserie auftreten, mag es erlaubt sein, kurz aus einem Artikel der Firmenzeitschrift *Jaguar Journal* zu zitieren. Der folgende Auszug entstammt jener Nummer, die die Vorstellung des E-Type 1961 begleitete und erklärt, was für die Gestaltung der glatten Stromlinienform des neuen Sportwagens vonnöten war:

Malcolm Sayers Aerodynamikarbeit am D-Type war bereits durch die Sporterfolge bestätigt worden, und da der E-Type diesem Rennwagen nachgebildet wurde, war sein Luftwiderstandsbeiwert nach damaligen Maßstäben mindestens ausgezeichnet. Tom Jones dazu: „Natürlich war diese Frage, was die Aerodynamik angeht, wichtig, … Das Auto wurde als Rennfahrzeug konzipiert, daher war das selbstverständlich."

Die aerodynamische Effizienz des Jaguar E-Type war wohlkalkuliert und bewährt, da sie auf derjenigen des D-Type fußte. Nachdem er mit der Oberseite des E-Type zufrieden war, wandte sich Sayer dem Unterboden des Wagens zu. Jim Randle: „Er versuchte, den Auftrieb des

E-Type zu verringern, indem er am Wagenboden Venturi-Effekte nutzte."

Der E-Type wurde häufig zu Unrecht dafür kritisiert, dass er über eine schlechte Aerodynamik verfüge, aber, wie Jim Randle herausstreicht: „Man muss es im Kontext sehen, nicht wahr? Ja, er hatte keinen besonders niedrigen Luftwiderstand, man muss ihn aber mit allem anderen, was damals herumfuhr, vergleichen." Bedenkt man, wie strömungsgünstig und erfolgreich der D-Type war, kann man sich kaum vorstellen, dass Malcolm Sayer einen Entwurf abgeliefert hätte, der nicht so strömungsgünstig wie möglich war. Der D-Type war extrem glatt gestaltet, daher kann man damit rechnen, dass auch der von ihm abgeleitete E-Type für seine Zeit strömungsgünstig war. Mit seinem Bristol-Aircraft-Hintergrund konnte Sayer den riesigen Windkanal in Farnborough für Aerodynamiktests mit dem E-Type nutzen.

Noch einmal Jim Randle: „Der E-Type ist eher noch besser, weil das offene Cockpit des D-Type den Luftwiderstand erhöht. Was beim D-Type besser war, war seine Fahrstabilität, weil er diese Flosse hinter dem Fahrer hatte, die den Schwerpunkt des Luftdrucks weiter nach hinten verlegte."

Norman Dewis entsinnt sich, dass der Luftwiderstandsbeiwert beim E-Type der Serie I ausgezeichnet war, räumt freilich ein, dass er sich mit den Karosserieänderungen an der Serie 2 und der Serie 3 etwas verschlechterte.

Wenn man sich ansieht, was Sayer mit den Rennwagen machte, könnte man meinen, dass er nur an C- und D-Type gearbeitet hätte, ehe er den Serien-E-Type gestaltete. Schließlich offenbarte sich sein stilistischer Einfluss an den XK-Typen, die während seiner Zeit bei Jaguar gebaut wurden, nicht, und an den Limousinen auch nur rudimentär. Allerdings kamen seine aerodynamischen Fähigkeiten allen

Jaguar Journal

Als man sich daran machte, die Karosserie des E-Type zu entwickeln, ging Jaguar naturgemäß von D-Type und XK-SS aus, die sich im Motorsport glänzend bewährt hatten. Die Karosseriegestaltung hängt natürlich in hohem Maße von der Anordnung der technischen Hauptkomponenten ab, und obwohl im Zuge der frühen Entwicklungsarbeit eine unkonventionelle Einbaulage des Motors in Betracht gezogen wurde, kam man am Ende zu dem Schluss, dass im Interesse der Straßenlage, einer effizienten Karosseriegestaltung und einer ausgewogenen Gewichtsverteilung die herkömmliche Anordnung des Motors die besten Ergebnisse zeitigte; schließlich handelt es sich um einen zivilen, von erfahrenen und gewöhnlichen Piloten gelenkten Sportwagen.

Zunächst wurden die Lage des Triebwerks, von Fahrer und Beifahrer, der Sitze und der Lenkung definiert, dazu der Mindestradstand, bei dem sich die korrekte Gewichtsverteilung einstellte, dann wurde eine strömungsgünstige Karosserie entwickelt, die all das mit einem möglichst geringen Luftwiderstand umhüllt. Sobald die Grundform feststand, entstand ein 1:10-Modell für die Tests im Windkanal.

Dieses Modell wurde sodann im Windkanal erprobt. Man misst dabei den Luftwiderstand an der Stirnseite; Änderungen, die den Widerstand zu senken versprechen, werden auf das Modell übertragen, bis ein Minimum erreicht ist. Danach folgen Tests

Modellen zugute und an vielen Autos arbeitete er gemeinsam mit Sir William.

Norman Dewis erinnert sich: „Eines, was Lyons nicht konnte, war am Luftwiderstand arbeiten oder überhaupt die Aerodynamik; er sah nur eine Form, einen Stil. Klar, jedes unserer Autos wurde von Sayer im Windkanal getestet und er warf ein Auge darauf (auf die Aerodynamik). Gemeinsam mit Lyons nahm er dann einige Änderungen an den Autos vor; er arbeitete sehr eng mit Lyons zusammen."

Für Sir William bestand der Vorteil, den ihm Sayer bot, darin, dass dieser schon vor dem Bau der Karosserie den Luftwiderstand berechnen konnte. Sayer fertigte Modelle an, die im kleinen Windkanal getestet wurden, und baute dann den ersten fahrtüchtigen Prototypen. Der lebensgroße Prototyp wurde dann ebenfalls in den Windkanal gestellt und Sayer maß den Luftwiderstand und nahm unter Umständen entsprechende kleinere Änderungen am Prototypen vor. Nach Abschluss der Windkanaltests ging er mit dem Auto auf die Teststrecke und führte seine

← Tom Jones im Museum des Jaguar Daimler Heritage Trust neben dem allerersten D-Type, Kennzeichen OVC 501, Fahrgestellnummer XKD401, an dessen Entstehung er seinerzeit mitgewirkt hat.

am Modell, die die Auswirkungen von Seitenwind simulieren. Dafür wird die Karosserie in verschiedenen Winkeln in den Wind gestellt und um den Wagenschwerpunkt gedreht. Die Ergebnisse wurden bereits vorausberechnet; davon ausgehend ermittelt man den Auftriebsmittelpunkt. Den Einfluss von Seitenwinden unterschiedlicher Stärke und aus unterschiedlichen Richtungen untersucht man, indem man den Winkel verändert, in dem der Wagen zum Wind steht. Neben den in der Horizontalen gemessenen Werten muss man auch die Karosserieform auf Kräfte untersuchen, die die Luft in der Senkrechten erzeugt. Die auftretenden Kräfte sollten auf keinen Fall das Heck anheben oder die Front über Gebühr absenken; in diesem Fall würde das Auto bei hohem Tempo instabil werden, da diese Änderungen in der Stellung, die der Wagen gegenüber dem Luftstrom einnimmt, den Luftwiderstand erheblich erhöhen kann. Der hochgezogene Unterboden am Heck erfüllt in dieser Hinsicht einen Zweck; tatsächlich ist die ganze Karosserie strömungstechnisch derart durchgeformt, dass weitere Änderungen den Wagen in seinem Einsatzzweck beeinträchtigen würden – dem schnellen, sicheren und bequemen Transport von zwei Menschen samt ihrem Gepäck.

März 1961

↑ **Das symmetrische Heck des E-Type stellt nach den Begriffen automobilen Designs ein echtes Kunstwerk dar; wo das untere Abschlussblech mit den Kotflügeln zusammentrifft, betont die dünne Stoßstange die Geschwindigkeit des Wagens.**

Wollfaden-Fahrten durch. Der einzige andere Hersteller, der damals derartige Tests mit Wollfäden durchführte, war Porsche in Stuttgart.

Dieser Test, für den einfach aber wirkungsvoll Wollfäden an die Karosserie geklebt wurden, bestand darin, dass in Fahrt Luftturbulenzen und die Strömungen am Auto anhand des Verhaltens dieser Fäden beobachtet wurden. Bei der Durchführung dieser Tests und dem Vergleich mit den Messwerten aus dem Windkanal stellte Sayer stets fest, dass die Ergebnisse unter tatsächlichen Bedingungen schlechter ausfielen als im kontrollierten Umfeld des Windkanals. Norman Dewis: „Anders gesagt, die Luft wird über das Auto gedrückt; das Auto steht und die Luft wird darübergedrückt. Wenn man mit dem Auto fährt, fallen die Ergebnisse etwas anders aus."

Damals, wie sich Dewis erinnert, benutzten die anderen Hersteller ausschließlich Luftwiderstandsmessungen aus dem Windkanal. Damit die eigenen Ergebnisse nicht publik wurden, mietete Jaguar am Wochenende die MIRA-Teststrecke und führte dort samstags und sonntags die Wollfadentests durch, möglichst ohne Zuschauer. Dewis ist davon überzeugt, dass die anderen Autobauer diese Methode nicht kannten, da sie ihre im Windkanal gewonnenen Werte stets als die tatsächlichen Zahlen zur aerodynamischen Effizienz und als der Weisheit letzten Schluss ausgaben.

Dewis führte bei Jaguar mehr Erprobungen durch als jeder andere und erinnert sich mit einem Lächeln: „Als Ford den GT erprobte, nahmen wir gemeinsam unseren Tee im Aufenthaltsraum von MIRA und unterhielten uns miteinander, und die Jungs sagten: Komisch, ist denn mit der Strecke irgendwas nicht in Ordnung? Ich sagte: Wieso, und sie meinten: Wir haben die Höchstgeschwindigkeit ausgerechnet, aber wir erreichen sie nicht, aber nach den Zahlen aus dem Windkanal sollten wir sie schaffen. Ich sagte dann: „Hat vielleicht mit dem Windkanal zu tun. Wir verrieten nie, dass es da Unterschiede gab." Erst als Jaguar den Motorsport eingestellt hatte, kamen die Geschichten und Aufnahmen von den Wollfadentests an die Öffentlichkeit.

Die Erprobung auf der Straße ist nicht, wie allgemein geglaubt wird, ein reines Zuckerschlecken, gleich, welches Auto da getestet wird. Als der E-Type entwickelt wurde, kam aus den USA erste Kunde von künftigen Sicherheitsnormen, was die von Norman Dewis aufgestellte zeitliche Planung für alle Jaguar-Modelle zunichte machte und nach neuen Tests verlangte. Eine Prüfung, an die er sich erinnert, war der Rütteltest, 1000 markerschütternde Meilen auf der MIRA-Strecke über Kopfsteinpflaster. Die Strecke wies zudem zahlreiche tiefe Schlaglöcher und Erhebungen auf; sie war den Straßen des belgischen Brügge nachgebildet. Mehr als 30 Minuten am Stück dieses mörderischen Fahrwerkstests, der mit 50 km/h absolviert wurde, hielt kein Fahrer aus. Die 1600 hierbei zurückgelegten Kilometer entsprachen dem Hundertfachen im regulären Betrieb, doch Norman Dewis konnte diese Erprobung relativ rasch hinter sich bringen, da sich mögliche Probleme, insbesondere an der Karosserie, sehr rasch offenbarten. Man ging so vor, dass man Schwächen laufend korrigierte, bis man die 1000 Meilen auf der Kopfsteinpflasterstrecke absolviert hatte. Dewis erinnert sich an diese Zeit: „Der erste Serien-E-Type musste sich all dem unterziehen. E1A und E2A hatten wir diesen Tests nicht ausgesetzt, aber beim ersten Serienprototyp sagte ich: Jetzt müssen wir voll in die Erprobung gehen."

Ehe Dewis 1952 zu Jaguar gekommen war, hatte es überhaupt keine festgelegten Testprozeduren gegeben; er brachte sie von Lea Francis mit, wo er zuvor gearbeitet hatte. Der erste E-Type, den Dewis diesem rigorosen Programm unterzog, war der rote Roadster, den er „Red Number One" nannte. Dieser Prototyp war in der Werkstatt der Erprobungsabteilung entstanden und war für diese Zwecke weit genug gediehen. Trotz des wenig eindrucksvollen Beginns spielte der rote Wagen in den folgenden 18 Monaten eine wichtige Rolle bei der Entwicklung der Serienausführung.

DATEN AUSGEWÄHLTER SPORTWAGEN

Typ	Jahr	CW	Hubraum	Motor	Vmax	Preis**
Jaguar E-Type Roadster	1961	0,5*	3781 ccm	Reihen 6 Zyl.	241 km/h	$5825
Mercedes 300 SL Roadster	1957	-	2996 ccm	Reihen 6 Zyl.	250 km/h	$8125
Porsche 911	1963	0,363	1991 ccm	6 Zyl.-Boxer	210 km/h	$5475
Ferrari 250 GTO	1962	-	2953 ccm	V12	298 km/h	$17.970
Chevrolet Corvette	1961	-	4639 ccm	V8	205 km/h	$3934
Aston Martin DB4	1961	-	3671 ccm	Reihen 6 Zyl.	225 km/h	$11.344

* Schätzung ** Dollar-Umrechnungskurs in GB von 1961/62

↓ Steigender Druck von Sicherheitskreisen in den USA führte dazu, dass sich auch der E-Type Crashtests unterziehen musste; hier eine frühe Ausführung in der MIRA-Testanlage im englischen Warwickshire.

↓ Die klassische E-Type-Form gefällt aus jedem Blickwinkel; die Ansicht von schräg vorne betont die lange Motorhaube und das sportliche Auftreten des Wagens.

Dem roten Roadster folgte ein weiterer Entwicklungsprototyp in Graumetallic, der ebenfalls in der Werkstatt gebaut wurde. Es ist wichtig festzuhalten, dass diese beiden Autos in der Werkstatt der Erprobungsabteilung, nicht am Serien-Montageband entstanden; dennoch entsprachen sie weitgehend den späteren Serienmodellen.

Dewis holte sich dann zwei der ersten Wagen, die vom Band rollten, nämlich das berühmte Auto mit dem Kennzeichen 9600 HP, das allererste Seriencoupé mit Linkslenkung, und 77 RW, einen Roadster. „Wir führten mit diesen beiden Autos dieselben Tests durch wie mit den beiden Prototypen. Das waren 9600 HP, ein Coupé, und 77 RW, der offene Wagen. Auch diese beiden haben sehr viel geleistet, jede Menge Meilen abgespult. Mit 9600 HP fuhr ich aufs Festland, als ich eine Rennstrecke für den Mark X suchte, und erprobte ihn unter kontinentalen Bedingungen", so Norman Dewis.

Die Werkstatt der Erprobungsabteilung

Die Erprobungsabteilung jedes Automobilherstellers wirkt, wie man erwarten kann, im Geheimen; Zugang erhalten nur wenige Auserwählte. Das war auch in den späten 50er Jahren bei Jaguar so; es handelte sich um eine selbstständige Abteilung, die in einer Ecke des Werks untergebracht war.

Norman Dewis ist für seine Detailversessenheit bekannt und pflegte nach einem anstrengenden Testtag weitere Stunden hinter dem Schreibtisch zu verbringen, um sein Testtagebuch zu führen, bis hin zu Einträgen, was er in der MIRA-Kantine zu Mittag gegessen und was das Mahl gekostet hatte. Wenn er damit beschäftigt war, seine Kladde zu füllen, schaute Sir William Lyons am späten Abend gerne bei ihm vorbei und lud ihn ein, das aktuelle Projekt, das in der Werkstatt der Erprobungsabteilung in Arbeit war, zu begutachten. Dewis gab hier und da einen

E-TYPE-PROTOTYPEN UND -ERPROBUNGSTRÄGER

Zweck	Karosserie	Bauort	Farbe	Motor	Kennzeichen
Prototyp	Roadster	Erprobungsabteilung	Rot	3,4 Liter	-
Prototyp	Roadster	Erprobungsabteilung	Graumetallic	3,4 Liter	-
Testfahrzeug	Coupé	Montageband	Graumetallic	3,8 Liter	9600 HP
Testfahrzeug	Roadster	Montageband	British Racing Green	3,8 Liter	77 RW

↓ Der Radius der Kühlluftöffnung ist aus irgendeinem Grund, den Malcolm Sayer seinen Kollegen niemals verraten hat, für die gesamte Aerodynamik des E-Type von grundlegender Wichtigkeit. Die dünne Vorderkante der Stoßstangenhälften, die Stromlinienform der Blinker und die verkleideten Scheinwerfer lassen das Auto sehr „schnell" erscheinen.

Kommentar ab, etwa des Inhaltes, dass eine Zierleiste verchromt ausgeführt werden solle oder dass dies und das besser aussähe, wenn man es so und so mache. Sir William achtete stets darauf, was Dewis sagte, machte sich aber keine Notizen und fertigte keine Skizzen an, rief Dewis in den folgenden Tagen aber häufig an oder suchte ihn am Arbeitsplatz auf, um sich für den inzwischen umgesetzten Änderungsvorschlag zu bedanken. Er verließ sich auf sein Auge, nicht auf Notizen und Skizzen, und üblicherweise hatte Harry Rogers, der Chef der Werkstatt, die von Sir William verlangten Änderungen ausführen.

Die Werkstatt der Erprobungsabteilung umfasste die Unterabteilungen Motor, Fahrwerk und Karosserie. Natürlich nahm sich die Motorenabteilung sämtlicher für die Projekte benötigten Motoren und Getriebe an, die dann nebenan in die erprobungsbereiten Fahrzeuge gingen. Die Karosseriewerkstatt am oberen Ende der Räumlichkeiten unterstand Harry Rogers. In einer abgetrennten Ecke arbeiteten zwei Karosseriebauer an Paneelen oder Änderungen an Versuchsträgern.

Harry Rogers ließ dann einen Holzbock herstellen, auf dem die Karosserieteile in Form gehämmert wurden. Von diesen Böcken ließen sich jeweils maximal ein halbes Dutzend Karosserien nehmen, ehe sie ersetzt werden mussten, das reichte aber für Projektzwecke; die Methode war auch deshalb günstig, weil man Änderungen schnell und preiswert vornehmen konnte. Harry Rogers war für den Bau der ersten Karosserien verantwortlich, und wenn Dewis irgendwelche Fehler an den Karossen seiner Testfahrzeuge entdeckte, dann war Rogers auch hier der richtige Ansprechpartner. Rogers' Team führte dann die Modifikationen und Änderungen durch, die Dewis im Anschluss neuerlich erprobte – es war eine gut ausgestattete, völlig unabhängig arbeitende Abteilung, die ausgezeichnet funktionierte.

Die Werkstatt der Erprobungsabteilung war auch insofern autark, als man ein Projekt in Angriff nehmen konnte, sobald die ersten Zeichnungen aus dem Konstruktionsbüro eintrafen. Anhand dieser entstanden spezielle Teile und Paneele in der Werkstatt. „Wir konnten alles fertigen, was wir wollten", so Dewis.

Dass der Jaguar E-Type vom Design her so prächtig geriet, lag nicht nur am ausgezeichneten Entwurf; sein Erscheinungsbild vermittelte den Eindruck von zurückhaltender Kraft und Leistung. Julian Thomson meint: „Man entwickelte eine sehr mathematische Funktion, deren Schönheit von der Form herrührt, die diese Funktion erfüllt, und darum geht es bei diesen Autos."

Interessanterweise besaß der E-Type zwar eine strömungsgünstige, effiziente Form, Sayers Arbeit auf diesem Gebiet befasste sich aber in der Hauptsache mit der Luftströmung über die Oberflächen, was insgesamt eine sehr glatte Form ergab. Das Heck fiel nach unten ab und verjüngte sich zugleich; wenn das Auto sich in Bewegung befand, konnte die Luft mit einem Minimum an Widerstand und Turbulenzen sich vom Fahrzeugheck lösen. ■

SMITHS
OIL
40 60
WATER
70 110
FAST
SLOW
WIPER

Die Geburt des E-Type

„Sportwagen – ein flaches, schnelles Auto“

Oxford English Dictionary

1958	1959	1960	1961
Beginn der E-Type-Erprobung mit E1A	Dewis erprobt den ersten Roadster, „Red No. 1“	E2A nimmt in Le Mans teil Ende der XK 150 Herstellung im Oktober	Vorstellung des E-Type im März in Genf

↑ **Den Medien wurde der E-Type erstmals im Hotel Parc des Eaux Vives, einen Steinwurf vom Genfer Messegelände entfernt, vorgeführt.**

Genfer Motor Show (16–26 März, 1961)

Der als Coupé auf dem Genfer Salon 1961 einer staunenden Öffentlichkeit präsentierte Jaguar E-Type zog dort die Massen in einem Ausmaß an, wie es wohl selbst Sir William Lyons nicht für möglich gehalten hätte. Der graue Jaguar-Sportwagen, der im Mittelpunkt des Standes, umringt von den übrigen Modellen des Hauses thronte, war ohne Zweifel der Star der Show.

Die Überschrift von Bill Rankins Artikel des *Jaguar Journal* vom März 1961 sprach vom „Neuen E-Type Gran Turismo". Die straffen Hinterbacken des E-Type, Neuinterpretationen der sinnlichen XK-Linien, dürften durchaus Assoziationen an den felinen Jaguar erweckt haben, den *Panthera onca*, wie er wissenschaftlich heißt, jederzeit zum Sprung bereit. In seinem natürlichen Umfeld verlässt sich der Jaguar auf der Jagd nach Beute auf das Überraschungsmoment, auf das geduckte Anschleichen und seine Geschwindigkeit. In die Welt des Automobils übertragen vermittelten die schnittigen Linien und die knappen, muskulösen Kurven der E-Type-Flanken den Eindruck von Kraft und Tempo, während das kurze, spitze Heck verhinderte, dass der Abriss der Luftströmungen das Auto verlangsamte. Auf subtile Weise versinnbildlichte die lange Motorhaube des E-Type auf unmissverständliche Art Kraft und Tempo und verkörperte die kräftigen langen Beine des Tieres bei der dynamischen Jagd auf Beute.

Jaguar hatte vom C-Type gerade einmal 54 und vom D-Type inklusive XK-SS auch nur 78 Stück gebaut, und Berichten zufolge begab sich Sir William in dem Glauben zum Genfer Salon, er werde vom E-Type höchstens 250 Exemplare absetzen können. John Maries: „Er fuhr dort hin und stellte fest, dass er einen Hit hatte. Die Massen standen in Zehnerreihen um das Auto herum."

Sollte Sir William wirklich die Absicht gehabt haben, nur 250 E-Type zu bauen, dann mutet es seltsam an, dass er es auf sich nahm, den Wagen in Genf zu präsentieren, sofern er tatsächlich keine Großserienfertigung im Visier hatte. Während seine Erwartungen sich während der Entwicklung des E-Type gesteigert hatten, erst auf 500,

→ Der Jaguar E-Type in Genf

dann auf 1000 Exemplare, könnte es sein, dass er vorhatte, nach Genf zu gehen, um sozusagen im Vorhof von Mercedes-Benz und Ferrari, seinen größten Konkurrenten in Le Mans, also den Rivalen die Schau zu stehlen.

Wie stets der perfekte Werbemann, stellte Sir William Lyons den E-Type am 15. März vor, einen Tag, ehe der Genfer Salon seine Pforten öffnete, im Parc des Eaux Vives, einem exklusiven Hotel mit Blick auf den Genfer See. Das Parc des Eaux Vives, ein großes Haus aus dem 19. Jahrhundert, keine zwei Kilometer vom Genfer Stadtzentrum entfernt gelegen, war die perfekte Umgebung für diese Medienpräsentation.

Interessanterweise ließ Sir William die E-Type-Vorstellung in Genf stattfinden, während alle anderen neuen Jaguar-Sportwagen ihre Premiere in Earls Court in London erlebt hatten. Sir William war nicht dafür bekannt, sein Geld leichtfertig auszugeben, es gab aber etliche gute Gründe, die dafür sprachen, die Vorstellung des E-Type in die Schweiz zu verlegen. Er war ein für Jaguar wichtiges Auto, das von Anfang an einen guten Eindruck hinterlassen musste; und für den Auslandsstart des ersten komplett neuen Jaguar-Sportwagens bot sich Genf geradezu an. John Maries dazu: „Es war ein wichtiger Salon. Es war auch ein Ort, der in war."

↑ Werbeplakat für den Salon International de l'Automobile Genève 1961, auf dem der E-Type Premiere feierte.

Die Schweiz selbst war für Jaguar zudem ein wichtiger Markt; Anfang der 60er Jahre war Genf bereits einer der wichtigsten europäischen Autosalons, der ein internationales Publikum und Heerscharen von Journalisten anzog. Außerdem fand der Genfer Salon im Frühjahr statt und war damit im Jahresverlauf der erste Salon in Europa, gefolgt vom Turiner Salon, der aber international weniger bedeutend war und mehr als Schaufenster für die italienischen Hersteller und Karosseriebauer diente. Vor allem aber fand der Autosalon von New York kurz nach Genf statt, und indem man erst in Genf, dann in New York ausstellte, erzielte Jaguar kurz nacheinander für seinen neuen Sportwagen wertvolle Publicity bei zwei der größten internationalen Salons auf zwei sehr wichtigen Märkten.

„Der Zeitpunkt war ideal; auf Turin konnten wir nicht warten und New York lag noch zu weit in der Zukunft. Genf fand einfach genau zu dem Zeitpunkt statt, als wir das

← Der auf einem schlichten Teppich präsentierte E-Type war eine der Hauptattraktionen des Salons.

Auto vorstellen und präsentieren und den Leuten zeigen wollten, es war die naheliegendste und schnellste Art und Weise, dies zu tun," so Norman Dewis.

Der Genfer Salon war also die ideale Gelegenheit, das Auto den Europäern zu zeigen, und da inzwischen das Jet-Zeitalter Einzug gehalten hatte, war die Welt kleiner geworden; das internationale Publikum und die Medien fanden daher leichter nach Genf und zum neuen E-Type. Aus denselben Gründen stellte auch die New York Motor Show ein überaus geeignetes Schaufenster für den Jaguar-Sportwagen dar. Angesichts des potenziellen globalen Appeals des Wagens war ein guter Start mit Präsentationen auf den internationalen Bühnen von Genf und New York durchaus geboten.

Auf dem Jaguar-Stand in Genf befand sich ein metallicgraues E-Type-Coupé. Das Auto war nicht fahrfähig und per Lkw in die Schweiz verbracht worden. „Das war kein fahrtüchtiges Modell; wenn es fahrtüchtig gewesen wäre, hätten wir es wohl auf eigener Achse dahin gebracht," erinnert sich Dewis.

Das einzige fahrtüchtige Exemplar, das das Werk als Vorführwagen für Presse und Kundschaft nach Genf mitgebracht hatte, war das berühmte Coupé mit dem Kennzeichen 9600 HP, das erste vom Band gerollte Coupé. Jaguar-Werbechef Bob Berry höchstselbst chauffierte jeweils einen Beifahrer. Berry las seinen Passagier auf dem Gelände des Salons auf und fuhr von dort am See entlang zu der auch von Ferrari, Mercedes, Alfa Romeo und anderen auf der Ausstellung vertretenen Marken benutzten Teststrecke. Die Route folgte einer serpentinenreichen Bergrennstrecke eine Erhöhung hinauf, verlief dann auf dem Hügelrücken ein Stück geradeaus, an der anderen Seite wieder hinab und zurück zum Salon, wo schon der nächste Interessent wartete; der gesamte Kurs war vier Kilometer lang.

Als Berry die Warteschlange am Ausgangspunkt sah, meinte er gegenüber Sir William, dass er nicht imstande sein werde, diese Schlagzahl die ganze Woche über durchzuhalten, worauf sein Chef antwortete: „Das einzige, was uns bleibt, ist, dass Dewis mit dem anderen Wagen herkommt.“ Eilig rief Sir William zuhause im Werk an und hieß seinen Testfahrer Norman Dewis, alles stehen und liegen zu lassen und so rasch wie möglich mit dem Ersatzwagen nach Genf zu kommen. Sir William Lyons hatte die begeisterte Aufnahme des Wagens so nicht vorhergesehen und konnte zu diesem Zeitpunkt natürlich auch nicht wissen, dass vom E-Type am Ende weit über 70.000 Stück entstehen sollten.

Das einzige Problem bestand darin, dass Norman Dewis sich mit dem anderen E-Type zu Bremsentests auf der MIRA-Strecke befand, als Sir William anrief. Der MIRA-Streckenleiter Ozzie Dolby fuhr in seinem Land Rover zu dem Abschnitt, auf dem Dewis seine Erprobungen durchführte, und sagte ihm: „Norman, du fährst besser ins Werk zurück, man braucht dich dort dringend.“

Dewis eilte daraufhin in die Werkstatt der Erprobungsabteilung, wo ihn Bill Heynes, Bob Knight, Werkstattleiter Bill Cassidy und drei oder vier Karosseriebauer erwarteten. Als Dewis aus dem Wagen stieg, sagte Bill Heynes: „Ach, Norman, gut. Du musst das Auto für Probefahrten nach Genf bringen.“ Dewis antwortete baff: „Das geht nicht, da ist das ganze Bremsenzeug drin.“

Es war bereits 15 Uhr und Heynes ließ die Anzeigen und das übrige Testequipment in aller Eile ausbauen, während ein anderes Team das Auto reinigte und polierte. Dewis wollte sich gerade nachhause aufmachen, um seinen Pass zu holen und seinen Koffer zu packen, als Heynes ihm sagte: „Ist schon erledigt, steht alles in deinem Büro.“ Dewis lachte. „Das kannte ich schon; sie hatten meiner Frau gesagt, dass ich vom Werk direkt nach Genf fahren würde.“

Die Zeit reichte eben noch für eine Tasse Tee und ein Sandwich. Dewis verließ das Werk etwa um 20 Uhr abends, womit er es gerade noch zu der Fähre schaffen konnte, die Heynes gebucht hatte; sie fuhr in Dover um 22 Uhr los, Einlassschluss war um 21:45 Uhr. Dewis raste zum

← Jaguars weitgereister Pressewagen mit dem Kennzeichen 9600 HP auf einem PR-Foto.

← Der Jaguar E-Type Serie I erregte bei seiner Pressevorstellung im Parc des Eaux Vives am Genfer See mehr als nur geringes Aufsehen.

Hafen und kam eben dort an, als man die Schranken hinunterließ; der Schrankenwärter sah den glänzenden E-Type, fragte, was für ein Auto das sei und Dewis versprach ihm, ihm den Wagen zu zeigen, wenn er ihn noch an Bord lasse, weil er nach Genf müsse.

Nach der Ankunft in Oostende am nächsten Morgen, noch vor Tagesanbruch, verließ Dewis die Fähre. Über Brüssel und später den Schwarzwald fuhr er nonstop nach Genf und gelangte um 9:45 Uhr an der Einfahrt zur Messehalle an; die Strecke hatte er in einem Schnitt von 108 km/h zurückgelegt. Begrüßt wurde Dewis, den man eine Viertelstunde später um 10 Uhr erwartet hatte, von einem überaus erleichterten Sir William Lyons und von Lofty England. Norman beschreibt den Moment seiner Ankunft: „Als ich dort ankam, meinte der Alte ganz beiläufig: Oh, prima, Dewis, Sie haben es geschafft! Als ob ich eben mal 30 Kilometer gefahren wäre!"

Verständlicherweise war Dewis sehr müde, nachdem er den E-Type den ganzen vorherigen Tag auf der MIRA-Strecke getestet hatte, nach Coventry und weiter nach Dover und nach kurzem Schlaf auf der Fähre direkt nach Genf gefahren war. Als er Bob Berry fragte, wo sich das für ihn gebuchte Hotelzimmer befinde, winkte dieser ab und eröffnete ihm, dass er den Rest des Tages über Probefahrten durchführen müsse, da man der Presse gesagt hatte, dass nun zwei Fahrzeuge zur Verfügung stünden. Berry wollte verständlicherweise die Journalistenmassen zufrieden stellen, denen man das zweite Auto versprochen hatte.

Dewis machte sich also daran, Journalisten am Salon aufzulesen und mit ihnen auf Tour zu gehen; nach einiger Zeit schlug er Bob Berry vor, dass einer der anderen mit einer Jaguar-Limousine die Redakteure im Viererpack an den Hallen abholen solle; dadurch könne man mehr Probefahrten durchführen. Am zweiten Tag holte Dewis eben einen erfreuten Passagier ab, als ein Schweizer Zuschauer mit einigen Stoppuhren um den Hals auf ihn zukam und sagte: „Mr. Dewis, ich möchte Ihnen nur sagen, dass Sie den Berg hinauf der Schnellste sind."

Dewis antwortete: „Ach, ich weiß nicht." Der Schweizer nahm bei den dort stattfindenden Bergrennen die Zeit und hatte nur zum Privatvergnügen auch Dewis und die anderen gestoppt. „Der E-Type muss sich gut schalten lassen", lächelte er Dewis an. Einige Fahrer von anderen Werken hörten diese Worte und beschlossen, ihre eigenen Zeiten zu verbessern; immer schneller jagten sie den Hügel hinauf und ehe man es sich versah, geriet der Rest der Woche zum improvisierten Bergrennen.

Dewis lacht bei dieser Erinnerung herzhaft. „Die armen Kunden, die Leute, denen wir das Auto vorführten, hatten es schwer; man vergaß einfach, dass sie mit an Bord waren." Am Ende der Woche lagen die beiden E-Type im inoffiziellen Rennen noch immer vorne. Es herrschte aber eine friedfertige Atmosphäre, wie Dewis noch weiß: „... weil die Ferrari-Knaben herüberkamen und sagten: Euer E-Type ist ja ein tolles Auto und Ihr wart die ganze Woche über schneller als die anderen – können wir wohl mal eine

↓ **Die Medien konnten vom neuen Jaguar-Sportwagen nicht genug bekommen (Parc des Eaux Vives).**

← **Ein Jaguar-Arbeiter schweißt die Spritzwand zusammen.**

wie die Arbeiter vorgingen, während sie die Autos montierten. „Das war nicht sehr aussagekräftig", meint Geoff Turner; es wurde zum Beispiel nicht festgehalten, ob gewöhnliche, pressluftbetriebene oder elektrische Werkzeuge verwendet wurden. Gleichwohl galten die Modelle nach Anfertigung dieses Protokolls als baufertig.

Zu dieser Zeit, 1964, befand sich noch der E-Type der Serie I in Produktion, an dem zahlreiche Änderungen auf Tagesbasis in die Serie einflossen. „Fast täglich gab es Änderungen und Modifikationen, aber in späteren Jahren konnten wir den Vorstand davon überzeugen, Änderungen auf Modelljahrbasis einzuführen, da wir so viel zu tun hatten, dass ich kaum damit zurechtkam", so Turner.

Mit der Einführung einer echten Abteilung Produktionstechnik im Jahr 1967 begann sich die Zahl der am Montageband auftretenden Probleme und der laufenden Änderungen zu verringern. Turner: „Es kam nicht mehr vor, dass man plötzlich feststellte, dass man etwas nicht bauen konnte, was anfangs durchaus vorkam, weil man einen Entwurf erst zu Gesicht bekam, wenn man ihn von der Konstruktionsabteilung erhielt. Wenn die einen Fehler gemacht hatten, merkte man das erst, wenn man versuchte, das Auto zusammenzubauen." Die Produktionstechniker konnten nun in ihrer eigenen, gut ausgerüsteten Abteilung Änderungen erproben, ehe sie in die Serie einflossen.

Die Fertigung des Daimler 250 SP Sportwagens und der Majestic Major Limousine im Daimler-Werk Radford wurde beendet, der Bau des Majestic Major in die Browns Lane verlegt. Erstaunlicherweise vollzog sich die Herstellung bei Jaguar in weiten Teilen noch mit Handwerkzeugen, da Sir William sein Geld ungern ohne guten Grund ausgab. Geoff Turner: „Als aber das letzte Auto in Radford fertig war, nahmen wir den Arbeitern dort die Werkzeuge aus der Hand, verluden sie, brachten sie hierher und gaben sie den Arbeitern in der Browns Lane."

Der E-Type entstand an einem anderen Montageband als die Jaguar-Limousinen, hauptsächlich deshalb, weil bei seinem Bau ganz andere Methoden verwendet wurden. Der vordere Hilfsrahmen samt Motor wurde komplett als Einheit vorgefertigt und dann an der vorderen Schottwand des Monocoque-Aufbaus verankert. Auch die Hinterachse wurde vorgefertigt und die Karosserie dann auf sie hinab-

← **Beim E-Type-Karosseriebau kann man fast schon von Einzelanfertigungen sprechen. Schon jetzt lässt sich erkennen, dass der E-Type, wenn er fertig ist, ein sehr schnittiges Auto abgeben wird.**

gelassen; aus diesem Grund konnte die Montage des E-Type und der Limousinen nicht auf demselben Band erfolgen. Da die Nachfrage nach dem E-Type von Anfang an hoch war, benötigte man bald zusätzliche Kapazitäten; 1968 wurde im Werk Browns Lane ein zusätzliches Montageband errichtet. Durch die Verlegung des E-Type-Karosseriebaus gewann man nicht nur für das dringend notwendige zweite Montageband Raum, sondern konnte die Bänder auch verlängern. Dadurch beschleunigte sich der Bau, es wurden höhere Stückzahlen möglich.

Dass die Herstellung des E-Type in großem Umfang nach Handarbeit verlangte, belegt auch die Tatsache, dass die Karosserien ihre erste Lackschicht im Werk Castle Bromwich erhielten und zur Montage wieder in die Browns Lane gebracht wurden. Da die Arbeiter unvermeidlicherweise dem Lack kleinere Beschädigungen zufügten, wenn sie sich über die Karosserie lehnten, erfolgte die Endlackierung erst nach der Montage. Noch einmal Geoff Turner: „Wir lackierten die Autos, wenn sie komplett fertig waren, nahmen dann die Stoßstangen und so weiter ab, brachten Masken an und trugen eine zweite Lackschicht auf. Alle Autos besaßen damals eine zweite Lackschicht, die die Beschädigungen und Kratzer von der Montage am Band zudeckte. Ja, so haben wir damals Autos gebaut."

Häufig fragte man sich, wie Sir William Lyons es nur fertigbrachte, seine wunderschönen Sportwagen und Limousinen zu derart niedrigen Preisen anzubieten. Noch überraschender für Presse wie Publikum war, dass der E-Type bei seiner Vorstellung kaum mehr kostete als der XK 150, den er ersetzte. In der Tat war einer der Hauptfaktoren für den Erfolg des E-Type, dass er, gemessen am Gebotenen, sehr preiswert war. Tom Jones zu diesem Thema: „Es lag an der guten alten Handarbeit. Es gab überhaupt keine teuren Werkzeuge und Formen, und Abbey Panels fertigte die Motorhauben und schickte sie uns. Ich kann nur sagen, dass mein Auftrag von Bill Heynes auf ‚keine teuren Werkzeuge' lautete und daher Presswerkzeuge tabu waren."

Der E-Type Serie I (1961-1967)

Nur wenige Autos sind sinnlicher und stilistisch eindrucksvoller als der Jaguar E-Type: schlicht und einfach, dabei von überragender Eleganz. Schnell, aber der E-Type muss nicht schnell gefahren werden, damit man ihn schätzt und preist. Der E-Type zeugt von der Professionalität und der Hingabe seines Konstrukteurs Malcolm Sayer.

Stephen Bayley schrieb 1996 im *Daily Telegraph*: „Keine Frage, der E-Type ist eines der schönsten und außergewöhnlichsten Autos, die je gebaut wurden; technische Erfordernisse und künstlerische Entfaltung stehen bei ihm im perfekten Gleichgewicht."

Wenn man über einen vollen Parkplatz geht, sticht der E-Type aus fast jeder Entfernung hervor; das galt in den sechziger Jahren nicht nur für den E-Type, sondern für fast jedes Auto, sie alle besaßen eine ganz eigene, typische Form. Keith Helfet sieht das auch so: „Sie hatten etwas

← **Die Proportionen des E-Type waren so perfekt, dass nur wenige Autos, selbst die exotischsten und teuersten Modelle, schon in dieser Phase ihrer Herstellung derart verführerisch auftraten. Auch ohne Motorhaube war dem E-Type der schnelle Sportwagen anzusehen.**

↑ **Der E-Type war überall zuhause – auf schnellen Landstraßen, vor dem Theater oder vor dem Restaurant.**

Besonderes, waren emotional und verlockend. Es gibt sehr gute Entwürfe, die nicht verlocken oder nicht die Emotionen ansprechen. Jaguar aber hatte dieses gewisse Etwas."

Im März 1961 pries Bill Rankin im *Jaguar Journal* unter der Überschrift „Der neue E-Type Gran Turismo" das neue Modell und forderte alle, die mit dem Bau des Autos zu tun hatten, dazu auf, den Preis des E-Type so niedrig wie möglich zu halten – er war das teuerste Modell im Jaguar-Programm.

Schon in den sechziger Jahren gab sich das Werk alle Mühe, den E-Type Kunden schmackhaft zu machen, die an schnelle Sportwagen gewohnt waren. „Die großen Fenster, die breite, herumgezogene Windschutzscheibe und die dünnen Säulen ergeben eine ausgezeichnete Sicht in alle Richtungen. Die längs verstellbaren Sportsitze und das in Höhe und Länge einstellbare Lenkrad lassen jeden Fahrer die ideale Sitzposition finden – ein wichtiger Sicherheitsfaktor", erläuterte das *Jaguar Journal*.

Jesse Alexander schrieb einen der ersten E-Type-Tests in Amerika und hielt im Mai 1961 in dem bekannten Fachblatt *Car and Driver* fest, dass der neue Jaguar der interessanteste neue Sportwagen des Jahres sei. Das Werk in Coventry sei als einer von wenigen britischen Autobauern in der beneidenswerten Lage, an der Kapazitätsgrenze zu arbeiten. Den gesamten Artikel über fand Alexander kaum Zeit, Luft zu holen, so begeistert war er vom neuen E-Type. „Man könnte den XK-E (diesen Namen trug der E-Type in den USA) einen „Serien-D" nennen, das wäre aber zu einfach ausgedrückt und würde dem neuen Jaguar nicht gerecht werden", schrieb er. In der Tat war der E-Type 525 mm länger, also über einen halben Meter, als der D-Type.

Das E-Type-Coupé stellte für Jaguar einen ganz neuen Wagentyp dar; das Fließheckcoupé mit der großen Heckklappe bot für Insassen wie für Gepäck reichlich Raum. Die Begeisterung für das Coupé war keineswegs deplatziert, da das Werk mit dem Design des E-Type Neuland betrat. Nie zuvor hatte es einen Jaguar dieser Art gegeben. Der schlichte Sayer-Entwurf mit der revolutionären hinteren Einzelradaufhängung war zudem fast 250 Kilogramm leichter als der XK 150 S, auch das bemerkenswert.

Noch einmal Jesse Alexander von der Zeitschrift *Car and Driver*: „Wie schnell ist der neue Jag? Der Tacho reicht bis 160 Meilen [257 km/h], und Testfahrer Norman Dewis hat auf der MIRA-Steilkurvenstrecke 241 km/h erreicht. Bei guten Bedingungen dürfte es nicht schwer fallen, die Tachonadel bis zum Anschlag voranzutreiben. Von der Aerodynamik her sollte es das Auto mit seinen 265 PS und der vorhandenen Getriebeabstufung sogar auf gut und gerne 290 bringen können, womit es der weltweit schnellste Sportwagen von heute wäre, so wie es zu seiner Zeit der XK 120 war." Das ist vielleicht doch ein klein wenig übertrieben, doch brauchte sich der E-Type vor den besten Sportwagen der Zeit keineswegs zu verstecken, die zumeist ein Mehrfaches des Jaguar kosteten.

Die Konkurrenz des E-Type rekrutierte sich aus dem Mercedes-Benz 300 SL Roadster, 1957 eingeführt, dem 1958 vorgestellten Aston Martin DB4, dem Maserati 5000 GT, der seit 1959 angeboten wurde, dem Ferrari 410 Superamerica des Jahres 1960 und mehreren anderen Fahrzeugen. Mit Ausnahme der Chevrolet Corvette in den USA waren sämtliche Rivalen, gegen die der E-Type antrat, wesentlich teurer – bis zum Drei- und Vierfachen; ihre Unterhaltskosten waren gleichfalls enorm, die Stückzahlen, die sie erreichten, in aller Regel gering. Als der laut Werk

ZUM VERGLEICH: ABMESSUNGEN DER JAGUAR-SPORTWAGEN

Modell	Einführung	Länge**	Breite**	Höhe**	Leergewicht
C-Type	Juni 1951	398,8	163,8	108,0	1015 kg
D-Type	Juni 1954	391,2	166,1	80,0	863 kg
XK-SS	März 1951	439,2	157,5	135,9	1370 kg
XK 120 FHC	März 1951	439,2	157,5	135,9	1370 kg
XK 140 FHC	Oktober 1954	447,0	163,8	133,4	1420 kg
XK 150 FHC	Mai 1957	449,5	163,8	139,7	1460 kg
E1A	1956	431,2	159,4	81,3 **	800 kg
E2 (Red Nr. 1)	1958	-	-	-	872 kg
E2A	1960	431,8	113,7	113,7	872 kg
E-Type Cpé Ser. I	März 1961	445,4	121,9	121,9	1223 kg

* Länge, Breite und Höhe in Zentimetern ** ohne Windschutzscheibe

↓ Dieses frühe Pressefoto des E-Type Serie I betont die lange Motorhaube und das weit nach hinten gerückte Cockpit. Schlösser an der Haube besaßen nur ganz frühe Exemplare.

241 km/h schnelle E-Type erschien und für rund £ 2000 angeboten wurde, schockierte dies die Sportwagenwelt. In den USA kostete der Wagen anfangs 5895 Dollar, in Westdeutschland 26.000 D-Mark.

Wenn man den E-Type mit seinem Vorgänger XK 150 S vergleicht, dann überzeugt das neue Modell mit besseren Fahrleistungen, mehr Komfort und modernerem Design, bei einem unwesentlich höheren Preis. Die werksinterne Kostenanalyse ergab, dass der E-Type in der Herstellung in einigen Punkten sogar günstiger war als der XK 150; zum Beispiel was die Karosserie, die Ausstattung und das Getriebe anging – der XK 150 S hatte einen Overdrive besessen, auf den der E verzichtete.

Geoff Turner, der 1961 bei Jaguar seine Ausbildung absolvierte, wurde nach dem Daimler-Erwerb, der im Jahr 1960 stattgefunden hatte, vom Daimler-Werk in Radford zur Testabteilung in der Browns Lane versetzt. Er erinnert sich an eine seiner ersten Aufgaben bei Jaguar: „Wir fuhren sie (die E-Types) vom Montageband, überprüften sie und führten dann die Probefahrt auf der Straße durch."

Um diese Zeit herum übernahm Jaguar den GEC-Block, ein Gebäude der General Electric Research and Development. Turner denkt gerne daran zurück: „Nach meiner Versetzung von Radford in die Browns Lane kam ich in die Testabteilung und durfte als 19-jähriger Lehrling E-Types fahren, ein toller Job."

Die bewährte, knapp 25 Kilometer lange Strecke rund um Coventry, auf der die E-Types erprobt wurden, umfasste auch eine Gerade an einem Gehöft vorbei; das Haus lag auf der einen Seite der Straße, die Wiese auf der anderen. Turner erzählt: „Man achtete nicht auf den Hof. Ich fuhr da immer mit 130 oder 140 durch. Eines Morgens fuhr ich dort vorbei, als gerade einige Hühner die Straße überquerten, und ein Huhn war nicht schnell genug. Die Speichenräder haben das Tier richtiggehend gerupft, so was hatte ich noch nie gesehen, überall Federn, sie schwebten in der Luft herum und verstopften den Motorraum, völliges Chaos. Als hätte man das Huhn durch eine Rupfmaschine gedreht. Ich zahlte dem Bauern ein paar Pence und nahm das Huhn mit nach Hause."

Der frühe E-Type Serie I besaß ein Aluminiumpaneel an der Armaturenbrettmitte und einen Aluminiumeinsatz um die Schalthebelbasis zwischen den Sitzen. Diese frühen Exemplare werden daher „Alu-Armaturenbrett" oder „Flat Floor-Modelle" genannt und gelten heute als die sammelwürdigsten E-Types überhaupt. Die Alu-Zierteile bedeuteten eine Abkehr von der bisherigen Sportwagenpraxis, obwohl auch der XK 150 jüngst diesen Weg beschritten hatte, und einen gänzlich anderen Stil als im Falle der in Holz und Leder schwelgenden „Clubatmosphäre" der Limousinen. Dafür gab es auch handfeste finanzielle Gründe, worauf Jim Randle hinweist: „Das war nur ein dünnes, geformtes Aluminiumteil, billig und doch ansehnlich."

Natürlich war das billiger als ein kompliziertes Holzarmaturenbrett, Tom Jones fügt aber einen interessanten Aspekt hinzu: „Das ging auf unsere Motorsportzeit zurück.

→ **Der Blick auf das Heck offenbart die muskulös geformten hinteren Kotflügel und zeigt, wie harmonisch Dach und Fließheck in die Gesamtform integriert sind. Auch die schmalen Stoßstangen lassen den E-Type sehr „schnell" wirken.**

Wir hatten Alu-Armaturenbretter (in den Rennfahrzeugen) und wir hielten das für eine wirklich gute Sache." Eine durchaus einleuchtende Erklärung, sollte der E-Type doch ursprünglich als Nachfolger des D-Type dienen; hier offenbart sich die motorsportliche Abkunft des E-Type.

Später kamen die von den USA ausgehenden neuen Sicherheitsvorschriften zum Tragen, nachdem Sicherheitspapst Ralph Nader die großen Fahrzeughersteller unter Druck gesetzt hatte. Das Armaturenbrett des E-Type wurde geändert, die traditionellen Jaguar-Knebelschalter wichen Kippschaltern und der E-Type erhielt eine Sicherheitslenksäule. Die US-Presse schmähte das neue Armaturenbrett und behauptete, die Schalter sähen alle gleich aus und ließen sich nur mit Mühe voneinander unterscheiden. Was ihnen entging, war, dass die Schalter nun an die britischen Kampfflugzeuge des Zweiten Weltkrieges erinnerten und der Fahrer sich daher als schneidiger Pilot eines Jägers wähnen konnte. Das war sehr britisch und

↑ **Obwohl der E-Type ein stromlinienförmig durchgeformter, leistungsstarker Sportwagen ist, leidet er nicht an einem flachen Dach und kleinen Fenstern – die Sicht nach allen Seiten ist vorzüglich.**

PREISVERGLEICH JAGUAR-LIMOUSINEN, XK 150 UND E-TYPE

Modell	Stand	Motor	Preis**
Mark IX*	September 1961	3781 ccm	£ 1994
Mark X	Dezember 1961	3781 ccm	£ 2392
XK 150 S OTS*	Oktober 1960	3781 ccm	£ 2176
XK 150 S FHC*	Oktober 1960	3781 ccm	£ 2175
E-Type Roadster	März 1961	3781 ccm	£ 2097
E-Type Coupé	März 1961	3781 ccm	£ 2196

* Auslaufende Produktion ** in britischen Pfund inklusive Steuern

die dortigen Kunden fühlten sich in dieser Atmosphäre sehr wohl.

Beim Roadster fiel die Windschutzscheibe ziemlich flach aus; dennoch war hier ein ungewöhnliches Arrangement aus drei Scheibenwischern nötig, da sich mit nur zwei Wischern kein angemessenes Wischfeld erzielen ließ. Das war zwar in der Herstellung teurer, wurde aber zu einem E-Type-Markenzeichen – es dürfte damals wohl kaum ein anderes Auto mit dieser Besonderheit gegeben haben. Was anfangs ein Problem der Konstrukteure war, wandelte sich zum markanten Merkmal, und markant wollte Jaguar allemal sein.

Das *Jaguar Journal* merkte zu diesem Punkt an: „Für schlechtes Wetter stehen in zwei Geschwindigkeiten laufende Dreifach-Scheibenwischer und eine elektrische Scheibendusche zur Verfügung."

Eine weitere Besonderheit des E-Type-Roadsters, die ihm bis zur Serie 3 erhalten blieb, war die verchromte Verstärkungsstrebe an der Windschutzscheibe. Diese Strebe, die an die frühen Tage des britischen Sportwagenbaus erinnerte, war nötig, wie Norman Dewis im Zuge seiner MIRA-Testfahrten herausfand. Bei den Steifigkeitserprobungen auf der Rüttelstrecke zeigten sich nicht nur Schwächen an Fahrwerk und Karosserie, das mörderische Testprogramm führte auch zu Verwindungen am Windschutzscheibenrahmen, ein Problem, das beim Coupé nicht in Erscheinung trat. Wenn man nach dem Test das Verdeck schließen wollte, stellte man

↓ Malcolm Sayer ist ohne Zweifel einer der schönsten offenen Sportwagen des Jahrhunderts gelungen. Diese Aufnahme eines Serie I Roadsters von schräg hinten zeigt die ganze Raffinesse der Linienführung.

← Eine Jaguar E-Type Besonderheit sind die drei Scheibenwischer. Zwei Wischer hätten ein zu kleines Feld bestrichen. Ebenfalls sichtbar ist der mittige Verstärkungssteg, der den Windschutzscheibenrahmen stabilisierte.

häufig fest, dass sich der Rahmen in der Mitte verzogen hatte und das Verdeck nicht mehr korrekt ansaß.

Daher verfiel man auf die Verstärkungsstrebe in der Mitte, die mit der Schottwand verschraubt war; damit fiel der Rahmen sehr viel stabiler aus und zugleich hatte man ein als typisch britisch empfundenes Stilmerkmal, das an vielen US-Cabriolets nicht vorhanden war. Außerdem diente die Strebe als Befestigungspunkt für den Innenrückspiegel, der sich in der Höhe verstellen ließ; das war aber keineswegs der Hauptzweck der Strebe.

Die Modellgeschichte des E-Type ist ziemlich verzwickt. Der von Malcolm Sayer gezeichnete Roadster war die erste Variante, die in der Werkstatt der Erprobungsabteilung und am Montageband entstand. Ehe das Coupé entwickelt wurde, fuhren im Werk Roadster-Modelle mit einem Glasfaserhardtop herum, das von derselben Abteilung konzipiert worden war, das auch für den Bau der Glasfaserkarosserie des Daimler SP 250 verantwortlich zeichnete. Das Hardtop sollte gegen Aufpreis erhältlich sein, um den Betrieb im Winter zu vereinfachen; im Sommer wurde es eingelagert. Norman Dewis fuhr den Hardtop-Roadster intensiv, ehe ihm das Coupé zur Verfügung stand. „Ich fuhr das Auto mit dem Hardtop ziemlich lange. Dann aber kam das Coupé mit Fließheck und großer Heckklappe.“

Malcolm Sayer konzipierte auch das E-Type-Coupé und nahm an den Skizzen etliche Änderungen vor, die Umsetzung in Blech erfolgte aber unter Leitung von Bob Blake. Norman Dewis: „Ja, ich habe die Skizze gesehen, denn er (Malcolm Sayer) sagte: Das machen wir als Nächstes. Sayer kreierte das Design und Bob Blake baute das erste Exemplar, aber gemeinsam mit Sayer, ja.“ Die Coupé-Version lief im angelsächsischen Raum auch unter der Bezeichnung „Hatchback“, ein Name, der den schnittigen Linien des E-Type in keiner Weise gerecht wird.

Dewis erprobte auch das geschlossene Coupé auf der MIRA-Strecke. Neben dem Rütteltest gab es eine weitere Teststrecke mit einem längeren unebenen Hindernisabschnitt, der mit verschiedenen Geschwindigkeiten befahren wurde. Dewis erinnert sich, dass bei 50 km/h die ersten beiden Hindernisse keine Probleme machten, beim dritten aber regelmäßig die Heckklappe aufging. Grund waren Frequenz und Länge der Unebenheiten, die das Schloss der Heckklappe in die Knie zwangen, und es dauerte Ewigkeiten, diesen Mangel abzustellen. Dewis weiter: „Das war die Hölle. Es war immer nur eine leichte Bewegung, die das Schloss jedes Mal aufgehen ließ. Am Ende mussten wir es komplett umkonstruieren.“ So gestalteten sich diese Testfahrten, die die Piloten endlos auf sich nehmen mussten, damit der Kunde ein Auto erhielt, das seinen Ansprüchen genügte.

Der E-Type wurde auf dem Genfer Salon 1961 erstmals der Öffentlichkeit präsentiert und im Juli auf dem britischen Markt eingeführt. Die frühen, bis Juni 1962 produzierten offenen und geschlossenen E-Types sind die „Flat Floor“-Modelle; der ebene Wagenboden war aber für die Insassen von Nachteil und die späteren Ausführungen erhielten

↓ Der „Arbeitsplatz“ – Blick auf die Armaturen einer Spitfire aus dem Zweiten Weltkrieg. Auch der typische britische Sportwagen besaß schon lange zahlreiche Instrumente und Schalter und vermittelte dem Fahrer den Eindruck, Herr über die Geschwindigkeit zu sein.

↑ **„Zimmer mit Aussicht“ – das gut ausgestattete Interieur eines frühen Serie I E-Type.**

einen im Fußraum abgesenkten Boden, damit es größere Insassen bequemer hatten.

Im Oktober 1964 erfolgte die Einführung des E-Type 4.2, der fast alle Schwächen des bisherigen 3,8-Liter-Modells beseitigte. Der größere Motor war noch elastischer und bot bei niedrigen Drehzahlen noch mehr Kraft, das jetzt vollsynchronisierte Getriebe wurde als echter Fortschritt gegenüber dem kruden Moss-Vierganggetriebe angesehen, das zuvor verwendet worden war. Auch Bremsen und Sitze wurden geändert, und allgemein galt der 4.2 als wesentlich besseres Auto, da das Auto bei unverändert hohen Fahrleistungen nun einfacher zu fahren war.

Echo in den Medien und in der Promi-Szene

Die Erfolge, die die Gattung Sportwagen in den frühen sechziger Jahren feierte, gingen ebenso auf sozio-ökonomische Ursachen wie auf das ansprechende Design und

AMPS
FUEL
INTERIOR
IGNITION
STARTER
MAP
CHOKE
WASHER
RPM

↓ Norman Dewis hatte anfangs große Probleme mit dem Schloss der Heckklappe, das sich im Zuge der Erprobung immer wieder öffnete. Das Schloss wurde daraufhin umkonstruiert. Der Kofferraum des E-Type überrascht mit seiner Größe.

das schnittige Styling der Vertreter dieser Spezies zurück. In den frühen fünfziger Jahren hatte sich noch die durch den Krieg hervorgerufene Materialknappheit ausgewirkt und in Styling und Design zu Beschränkungen geführt. Es herrschte allgemein die Ansicht vor, Design und Styling hätten sich zurückzuhalten, und alles, was nach Glamour aussah, galt als extravagant. Mit den anbrechenden sechziger Jahren änderte sich diese Haltung, als die Baby-Boom-Generation sich der günstigen wirtschaftlichen Aussichten, die sie genoss, bewusst wurde. Die sechziger Jahre waren ein expressives Jahrzehnt; mit einem Schlag schien es keine Grenze mehr für das zu geben, was man erreichen konnte. Die Einkommen stiegen und mit dem Anbruch des Jet-Zeitalters wurden Fernreisen und anderes, was bislang als undenkbar erschienen war, alltäglich. Ein Ergebnis dieses dramatischen sozialen und wirtschaftlichen Aufschwungs bestand darin, dass die Ansprüche der Autokäufer stiegen und ihre Kaufkraft ihnen viel größeren Einfluss auf den Markt einräumte.

Zugleich wurde die Kundschaft designbewusster und legte in allen Bereichen größeren Wert auf gutes, praktisches und schönes Design. In den Häusern etwa breitete sich italienisches Innendesign aus, was von einer veränderten Geisteshaltung der Menschen sprach und ihre Wertschätzung guter Ästhetik dokumentierte. Diese sozialen Änderungen waren nicht das Werk eines einzelnen Unternehmens oder gar einer Regierung, sondern gingen direkt auf die Menschen zurück und gewannen rasch an Fahrt. In dieses Umfeld wurde der E-Type hineingeboren – sein Erfolg war nicht nur das Ergebnis einer entsprechenden Marketingkampagne, er war einfach das richtige Auto zur richtigen Zeit.

Zu Beginn der sechziger Jahre schien es, als könne jeder in der Musikszene, in der Mode, im Film, im Sport oder in der Unterhaltungsindustrie Karriere machen und den finanziellen Zenith erreichen, wenn er sich das nur zutraute. In London einen Mini oder einen VW-Bus zu fahren und sich Blumen ins Haar zu stecken, war in; in diese Zeit fällt auch der seltsamste Fahrertyp von allen, der Jeans tragende Rolls Royce-Fahrer. Nadelstreifenanzüge und Chauffeure waren passé, es ging nur um das eigene Image und darum, von den richtigen Leuten an den richtigen Lokalitäten

↑ Dieses Serie I Coupé aus dem Jahr 1965 trägt die Lackfarbe Midnight Blue. Das Coupé der Serie I zählt wohl zu den schönsten Autoformen aller Zeiten.

gesehen zu werden. Die Aufstiegsmöglichkeiten, die die Unterhaltungsindustrie und der Sport in den sechziger Jahren boten, veränderten das soziale Gefüge in aller Welt, und der E-Type stand im Mittelpunkt dieser Revolution.

Die frühen sechziger Jahre waren auch eine Ära, in der zahlreiche frische neue Produkte auf den Markt drangen; auch auf dem Autosektor gab es etliche dynamische Newcomer. An allen Fronten tobte der PS-Krieg, in Italien, Deutschland, Großbritannien und den USA. Auf dem Kontinent diesseits des Atlantiks standen Design und Fahrleistungen im Vordergrund, auf der amerikanischen Seite hatten Kraft und brutale Power das Sagen, untermalt von lauten Auspuffanlagen.

Während die Nachkriegsgeneration mit Freuden den konservativen Blick auf das Leben an sich fahren ließ und mit beiden Händen nach den neu errungenen Freiheiten griff, wirkten sich diese befreienden Faktoren auch auf die Autodesigner und -stilisten aus. Viele Ingenieure und Designer aus der Autobranche sind der Ansicht, dass in den 50er und 60er Jahren einige der überragendsten Formen entstanden, die je unsere Straßen zierten. Zu jener Zeit ließen italienische Designer wie Pininfarina, Bertone, Michelotti, Frua, Gandini, Giugiaro und andere ihrer Phantasie freie Fahrt. Auch Bill Mitchell, William Lyons, Alec Issigonis, Butzi Porsche und andere internationale Automobildesigner brachten moderne Entwürfe hervor, die in ihrer Art zweifellos die neue Freiheit widerspiegelten.

Der Sportwagen wurde nun für jeden Hersteller zur wichtigen Ergänzung des Modellprogramms, da er von Wohlstand kündete und sein hohes Ansehen auf den Rest des Modellprogramms abfärbte. Wenn man den eigenen Sportwagen beliebten Film- und Sportstars unterjubeln konnte, kam man als Marke ins Gespräch.

Der Jaguar-Absatz in Nordamerika profitierte sicherlich davon, dass dort in den Sechzigern alles Britische beliebt war. Das Model Twiggy, James Bond-Filme, die *Avengers* im Fernsehen, bei uns als *Mit Schirm, Charme und Melone* laufend und die Musik der Beatles und der Rolling Stones, um nur weniges zu nennen, trieben das Interesse der anglophilen Amerikaner an britischen Autos an; in den unnachahmlichen Worten von Austin Powers: „Yeah, Baby!"

Da der E-Type in den USA sofort auf reges Interesse stieß, blieben 1961 eigentlich nur eine kleine Anzahl von rechtsgelenkten Presse- und Vorführwagen in Großbritannien; man beneidete die Medien darum, dass sich ihnen die Möglichkeit eröffnete, das Auto zu begutachten und im seltenen Idealfall auch zu fahren. Michael Kemp war seit 1960 der Automobil-Korrespondent der in London erscheinenden Zeitung *Daily Sketch*, doch bei der E-Type-Premiere in Genf konnte nur der Chefredakteur eine Runde als Beifahrer drehen. Erst Monate später konnte Kemp den Wagen fahren. „Das war das Auto, das jeder haben wollte. Es war ein Traum, es war Gesprächsgegenstand. Eines zu sehen, war eine Sensation, in einem sitzen zu können, war ein enormes Privileg, eines zu fahren, war ein Geschenk

↓ Der gebürtige Texaner Roy Orbison, vor allem durch seinen Hit „Pretty Woman" bekannt, der Anfang der 60er Jahre herauskam. Einige Jahre später kaufte er diesen E-Type-Roadster der Serie 1½. 1987 wurde Orbison in die Rock and Roll Hall of Fame aufgenommen.

← **Tony Curtis neben seinem neuen Serie 1½-Roadster. Curtis war als Filmschauspieler weltberühmt, unvergesslich aber auch sein Auftritt neben Roger Moore in der Fernsehserie *The Persuaders*, hierzulande unter dem Titel *Die 2* gelaufen.**

Die Unterhaltungsindustrie

Im Februar 1962 stand Cliff Richard mit *The Young Ones* an der Spitze der britischen Hitparade vor Chubby Checker mit seinem Klassiker *Let,s twist again*.
Im August starb Marilyn Monroe, angeblich an einer Überdosis Schlaftabletten, im Alter von 36 Jahren.
Popstar Adam Faith war seit 1959 ein Begriff und wurde damals in einem Atemzug mit Cliff Richard genannt. 1962 hatte er die Hits *Lonesome, As You Like It, Don't That Beat All* und *What Now*.
Andere prominente E-Type-Fahrer waren Schauspieler Sid James aus der *Carry On*-Reihe, Beatles-Bassist George Harrison und Fußballer George Best.

des Himmels und das Werk konnte nicht genug davon herstellen. Die Warteliste war gewaltig."

Die Art und Weise, wie ein Auto heutzutage auf dem Markt eingeführt wird, hat mit den Methoden der 60er Jahre nichts mehr gemein. Heutzutage wird für ein neues Modell auf den Seiten von Zeitschriften und Zeitungen und im Fernsehen geworben, vor 50 Jahren war aber die Vorfreude darauf, ein neues Auto zum ersten Mal auf einer Messe oder beim Händler in Augenschein nehmen zu können, beinahe körperlich greifbar. „Man wusste, dass ein sensationelles neues Auto Premiere feierte, aber wenn die Hülle auf dem Autosalon fiel, ging ein Raunen durch die Zuschauer, die es fast von den Beinen riss. Weil alle das Auto für sensationell hielten, konnte man leicht glauben, dass es auch sensationell war", erinnert sich Michael Kemp an diese Zeit. Auch wurde damals in den Medien anders über ein neues Modell berichtet, wie Kemp erklärt: „Über Autos schrieb man „von Stoßstange zu Stoßstange", es ging um das Auto, ausschließlich um das Auto, heute aber geht es nicht mehr nur um das Auto, sondern alles, das mit dem Auto zu tun hat, ist interessant." ■

→ Aus diesem etwas überhöhten Blickwinkel offenbart der Serie 1 E-Type seine wahren Sportwagenproportionen. Die dünnen Chromzierleisten auf den Kotflügelspitzen, die dezenten Lüftungsschlitze auf der Motorhaube und die dominierende Wölbung, unter der der Motor seinen Platz findet, dienen allesamt der Ausstrahlung und der Performance des englischen Kultsportlers.

„Das war das Auto, das jeder haben wollte. Es war ein Traum, es war Gesprächsgegenstand, eines zu sehen, war eine Sensation, in einem sitzen zu können, war ein enormes Privileg, eines zu fahren, war ein Geschenk des Himmels, und das Werk konnte nicht genug davon herstellen."

Michael Kemp
Daily Sketch

Der E-Type wird erwachsen

„Ich glaube, das Auto ist nicht wegen seiner Aerodynamik berühmt, sondern wegen seiner Form. Skulptur und Design – der Knabe war schlicht ein Genie."

Keith Helfet, Jaguar-Designer (1978-2002)

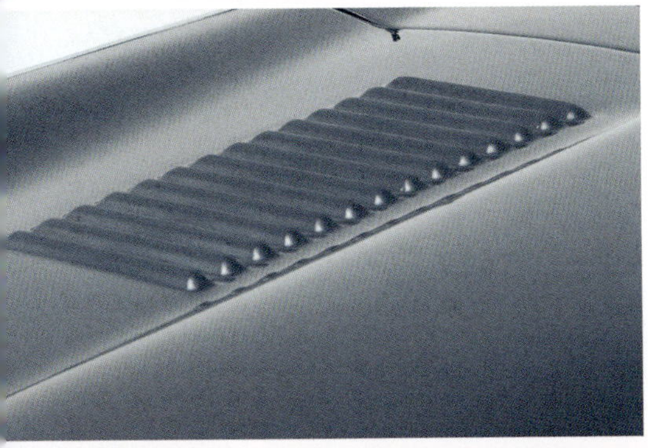

1961	1962	1964	1966	1968
März: Premiere des E-Type in Genf	E-Type belegt in Le Mans die Plätze 4 und 5	Auf 4235 ccm vergrößerter XK-Motor	Einführung Coupé 2+2 Serie I	Ende der Serie I Produktion im September

→ **Die amerikanische Zeitschrift *Car and Driver* widmete ihre Titelseite im Mai 1961 dem „Sensationellen Jaguar XK-E!" Für die Aufnahmen wurde Norman Dewis', früher Rechtslenker-Roadster herangezogen, dem die Zierringe um die Scheinwerferverkleidungen fehlten.**

Alle frühen Autos gingen in die USA

Ende Januar 1961 billigte Sir William Lyons den Plan, den dort XK-E genannten E-Type im größten Markt des Unternehmens auf der International Automobile Show in New York zu präsentieren. Der US-Start im April fand nur einen Monat nach dem erfolgreichen Debüt des E-Type auf dem Genfer Salon statt; bereits 30 Minuten nach der Eröffnung der Schau in New York waren schon sechs Autos verkauft.

Autocar berichtete, dass die Reaktionen im Coliseum, dem Schauplatz der fünften International Automobile Show, „sehr günstig" ausfielen und fuhr fort: „Der neue Jaguar E-Type hat, wie man mit Recht sagen kann, allen anderen die Schau gestohlen." Jaguar war in den Staaten überaus beliebt und der Chef von Jaguar Cars of New York, Johannes Eerdmans, orderte im Werk in Coventry Autos im Wert von über 30 Millionen Dollar – ohne Frage auch eine Folge der überwältigenden Aufnahme, die der E-Type dort fand.

Mike Cook, heute Leiter des Jaguar-Archivs in Kalifornien, war damals auf dem Salon, wenngleich er für Triumph Cars tätig war. Er erinnert sich sehr deutlich: „Ich kann bestätigen, dass die Vorstellung des E-Type eine Massenveranstaltung war; fast die gesamten zehn Tage über bildeten sich Menschentrauben um das Auto."

Für den Salon schlüpfte Sir William in die Rolle des Werbemannes und heuerte das Model Marilyn Hanold an, die auf dem Salon mit dem E-Type auf dem Drehteller rotierte, und da sie im Juni 1959 das Playboy-Playmate des Monats gewesen war, durfte man spekulieren, ob die Leute ihretwegen oder wegen des E-Type da waren.

→ **Die US-Premiere des E-Type auf der New York International Automobile Show zog große Menschenmengen an. Vielleicht lag das aber auch an Marilyn Hanold, dem Playboy-Playmate des Monats.**

↑ **Was die meisten Autofahrer vom E-Type Serie I mit dem auf 4,2 Liter vergrößerten XK-Motor nur kurz im Rückspiegel sahen.**

Auf den ersten Blick erscheint es seltsam, dass die Mehrzahl der E-Types jenseits des Atlantiks ausgeliefert wurde. Der E-Type war in jeder Hinsicht und bis auf die Knochen britisch, seine Motorsportwurzeln lagen fast ausschließlich in Europa und Großbritannien, und doch befand sich sein Hauptmarkt auf einem anderen Kontinent. Design und Styling orientierten sich an den Belangen des heimatlichen Marktes und der Preis war höher als der fast aller US-Autos, auch wenn er mit diesen überhaupt nicht vergleichbar war. Allerdings kostete der E-Type deutlich weniger als italienische oder deutsche Exoten und war für den US-Markt gerüstet, da er Fahrleistungen und Aussehen weit kostspieligerer Autos zu bieten hatte.

Sir William Lyons war sich über all dies im Klaren und erläuterte diesen Sachverhalt seinen Ingenieuren und Angestellten mehrfach in aller Deutlichkeit. Norman Dewis kann sich noch gut daran erinnern: „Das war Lyons ständiges Credo, Amerika zuerst; immer ganz oben auf der Liste."

Auch Geoff Turner erinnert sich an die starke Überseenachfrage nach dem E-Type: „Die Mehrzahl waren Bestellungen aus Amerika. Hierzulande und auf dem Kontinent war der Wagen kaum zu bekommen. Der Absatz in Amerika war fantastisch, ganz erstaunlich. Jeder wollte einen E-Type."

Da der US-Markt so überaus wichtig war, mag es überraschen, dass es den E-Type dort anfangs nicht mit Automatik gab. XK 140 und 150 hatte es bereits ab 1956 auf Wunsch mit Automatik gegeben, ein in den USA gerne geordertes Extra. Tom Jones zufolge ging das Fehlen einer Automatik beim E-Type darauf zurück, dass er intern als „Sportwagen" galt, wahrscheinlich lag es aber eher daran, dass der E-Type in der Konstruktion dem D-Type folgte. Zwischen den Achsen des E-Type stand einfach nicht genügend Raum zur Verfügung, um ein selbstschaltendes Getriebe unterzubringen.

„Das Auto war eben so konstruiert. Natürlich dachte man auch an den US-Markt, aber der E-Type war nicht speziell auf diesen Markt ausgerichtet, er war mehr ein Ferrari-Gegner", meint Keith Helfet.

Wenn man den E-Type in besonderem Maß auf den amerikanischen Markt hin konzipiert hätte, dann hätte er nicht so viel Aufsehen erregt, auch in den USA selbst nicht.

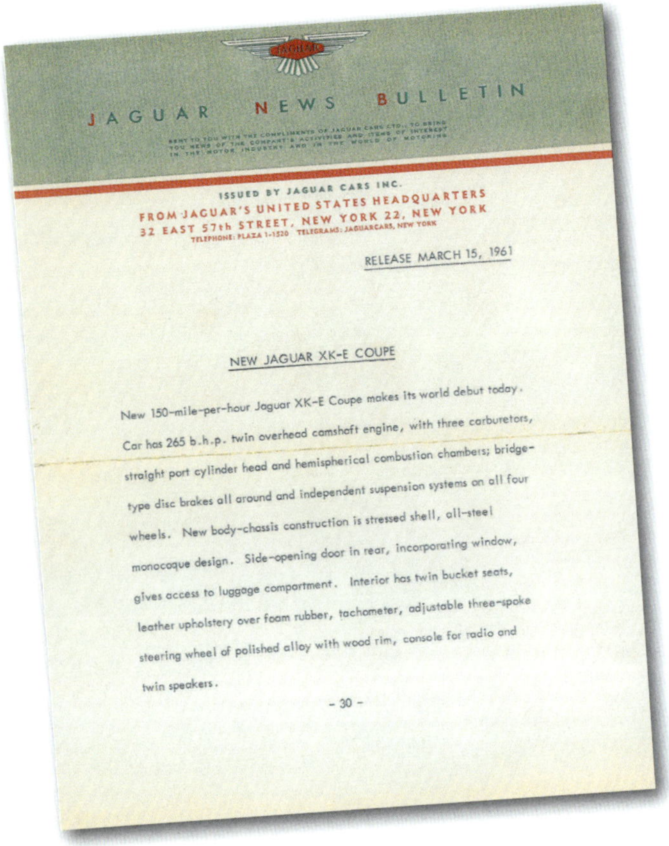

JAGUAR NEWS BULLETIN

SENT TO YOU WITH THE COMPLIMENTS OF JAGUAR CARS LTD., TO BRING YOU NEWS OF THE COMPANY'S ACTIVITIES AND ITEMS OF INTEREST IN THE MOTOR INDUSTRY AND IN THE WORLD OF MOTORING

ISSUED BY JAGUAR CARS INC.
FROM JAGUAR'S UNITED STATES HEADQUARTERS
32 EAST 57th STREET, NEW YORK 22, NEW YORK
TELEPHONE: PLAZA 1-1520 TELEGRAMS: JAGUARCARS, NEW YORK

RELEASE MARCH 15, 1961

NEW JAGUAR XK-E COUPE

New 150-mile-per-hour Jaguar XK-E Coupe makes its world debut today. Car has 265 b.h.p. twin overhead camshaft engine, with three carburetors, straight port cylinder head and hemispherical combustion chambers; bridge-type disc brakes all around and independent suspension systems on all four wheels. New body-chassis construction is stressed shell, all-steel monocoque design. Side-opening door in rear, incorporating window, gives access to luggage compartment. Interior has twin bucket seats, leather upholstery over foam rubber, tachometer, adjustable three-spoke steering wheel of polished alloy with wood rim, console for radio and twin speakers.

– 30 –

← Jaguar-Pressemitteilung zur Einführung des neuen XK-E, herausgegeben am 15. März 1961 von der US-Jaguar-Niederlassung in New York.

SPORTWAGENPREISE IN DEN USA 1961

Auto	Preis
Alfa Romeo Giulietta Spider	$ 3520
Chevrolet Corvette V8	$ 3934
Porsche 356 Super 90 Roadster	$ 4334
Jaguar XK 150 S	$ 5120
Jaguar XK-E	$ 5600
Aston Martin DB4	$ 10,400
Mercedes-Benz 300SL	$ 10,950
Ferrari 250GT Cabriolet	$ 12,600

Quelle: ***Car and Driver*, May 1961**

Er musste dort als ausländischer Exote kenntlich sein, als typisch britisch empfunden werden, um den amerikanischen Kunden anzusprechen. Die Erwartungen, die die Kunden zu jener Zeit einem Auto entgegenbrachten, waren noch viel flexibler als heute, und aus diesem Grund betrachtete es Jaguar als nicht notwendig, einen speziellen USA-Sportwagen anzubieten und hätte sich dies auch gar nicht leisten können. Der neue Sportwagen sollte weltweit Freunde finden, und dass ein britischer Autobauer einen Sportwagen im Programm hatte, der nicht in erster Linie auf den eigenen Markt zielte, war schlichtweg undenkbar. Großbritannien galt in den fünfziger und sechziger Jahren als Heimstatt des Sportwagens schlechthin; dort entstanden jedes Jahr mehr Sportwagen als irgendwo sonst in der Welt. Lyons wusste aber, wie er seinen neuen GT positionieren musste, damit der den amerikanischen Kunden ansprach, ein Markt eigener Prägung, auf dem andere Kauf- und Fahrgewohnheiten vorherrschten, in einem Land

↓ Malcolm Sayer hatte auch die Proportionen des Coupés im Griff – es wirkt aus jedem Blickwinkel harmonisch.

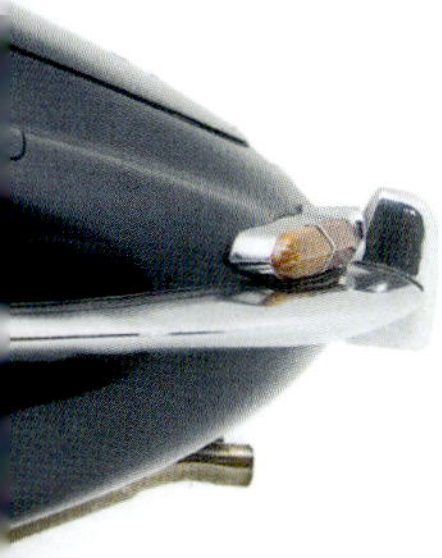

dem es in den USA blieb; in Großbritannien und Europa sprach man aber, in ähnlicher Weise wie bei den Vorgängern, vom E-Type.

Es war wohl unvermeidlich, dass der XK-E bei seinem Erscheinen 1961 mit dem einzigen einheimischen Sportwagen verglichen wurde, der Chevrolet Corvette. Zwei unterschiedlichere Autos kann man sich wohl kaum vorstellen, aber dennoch wurden diese Vergleiche angestellt. Nebeneinander stehend fällt auf, um wie viel kleiner als der Rivale der Jaguar-Sportwagen erscheint, doch liegt das zum Teil an den runderen Formen und Konturen, mit denen Malcolm Sayer den XK-E versah, während die Corvette aufrechter und kantiger gestaltet war. Die Corvette war deutlich schwerer, trotz der Glasfaserkarosserie, und befand sich zu dieser Zeit bereits seit acht Jahren auf dem Markt. Die Schönheitskonkurrenz gewann aber der seidenweiche Jaguar mit seinem eleganten Design und der überlangen Motorhaube deutlich. Die Corvette war das Produkt von GM-Design-Guru Harley Earl, der als erster Autodesigner gilt, der das Design als vorrangiges Marketinginstrument einsetzte. Damit im Einklang steht seine Methode, die Aufmerksamkeit der Medien mit extravaganten Show Cars zu erwecken, die sich durch absichtlich verspieltes Design und riesige Heckflossen auszeichneten. Earl war stark vom zeitgenössischen Flugzeugdesign beeinflusst, was sich am runden Design und den gebogenen Flächen seiner Corvette von 1953 zeigte, obschon im US-Design der Begriff „gebogene Fläche“ nur relativen Wert besaß.

Was den oben genannten Vergleich angeht, sollte man auch berücksichtigen, dass die Basis-Corvette nur ein Dreigang-Schaltgetriebe vorwies, ohne Heizung (Aufpreis 102,25 Dollar) und mit Stahlfelgen auskommen musste. Das Viergangetriebe kostete 188,30 Dollar mehr. Der stärkere 270-PS-Motor kam auf 182,95 Dollar. Chevrolet baute im Modelljahr 1961 in Summe 10.939 Corvettes, was in den Augen des Managements kaum den Aufwand rechtfertigte, während Jaguar von März bis Dezember 1961 reichlich 1800 E-Types in die Vereinigten Staaten exportierte.

Drei Jahre nach seinem US-Debüt wurde der XK-E im Mai 1964 von den Lesern der bekannten Fachzeitschrift *Car and Driver* zum „Besten GT/Sportwagen von 3000 bis 6000

↑ Ende 1964 erhielt der E-Type Serie I den neuen, auf 4235 ccm vergrößerten XK-Motor, hier in einem Modell des Jahrgangs 1965 zu sehen. Gut zu erkennen: der vordere Hilfsrahmen, auf dem die Maschine aufliegt.

↑ **Dieser hübsche E-Type in Primelgelb ist ein US-Roadster der Serie I½ ohne Scheinwerferabdeckungen, aber noch mit Blinkern und Stoßstange der Serie I.**

Dollar" gewählt. Der XK-E gewann aber nicht nur diesen Titel, sondern auch den des besten „Allround-Autos" und lag hier vor etlichen Mercedes-Limousinen, dem Ford Fairlane, Ferrari, Aston Martin, Porsche 356, Buick Riviera, der Corvette Sting Ray und zahlreichen anderen Modellen der Spitzenklasse, auch vor Rolls-Royce, Bentley und den Jaguar-Limousinen. Es war die erste derartige Leserumfrage der Zeitschrift, und sie belegt, in welch hohem Ansehen der XK-E in den USA stand. Die Umfrage stieß auf so viel Gegenliebe, dass sie von da an jährlich durchgeführt wurde.

Nach spezifischen Marktbefragungen und um den Ansprüchen der wichtigen amerikanischen Kundschaft in größerem Umfang entgegenzukommen, versah Jaguar den E-Type mit einigen Verbesserungen. Ein Automatikgetriebe war kaum etwas, das man in Großbritannien und Europa in einem Sportwagen erwartete, ja, es wäre sogar auf starken Widerwillen gestoßen. Als die Nachfrage danach in den USA aber anstieg, reagierte Sir William Lyons schnell. Zur Einführung der Automatik im Jahr 1966 meint Jim Randle: „Der amerikanische Markt stand dahinter. Die

VERGLEICHSTABELLE JAGUAR E-TYPE ROADSTER UND CHEVROLET CORVETTE (1961)

Wagen	Länge	Breite	Höhe	Gewicht	Motor	Leistung	Grundpreis
Jaguar E-Type	445,8 cm	163,2 cm	119,4 cm*	1273 kg	3781 ccm	265 PS	$ 5670
Corvette	450,1 cm	184,9 cm	130,8 cm**	1352 kg	4637 ccm	230 PS	$ 3934

* mit geschlossenem Verdeck ** mit Hardtop

Amerikaner wollten nichts anderes, sie konnten mit der Handschaltung nicht umgehen."

Norman Dewis hat noch Sir Williams Worte im Ohr: „Dewis, das Auto muss sich in Amerika verkaufen, und Sie wissen, was die Amerikaner wollen, machen Sie es den Amerikanern schmackhaft." Dewis musste sicherstellen, dass das interne Entwicklungs- und Erprobungsprogramm des Werks alle Aspekte umfasste, auf die der US-Markt Wert legte.

Auch in einigen anderen Punkten unterschieden sich die US-Versionen von den europäischen. Noch einmal Norman Dewis: „Sie mochten keine schwergängigen Lenkungen, daher brauchten wir eine kräftige 80-Prozent-Servolenkung; sie mochten keine schwergängigen Bremspedale, sie mussten sehr leichtgängig sein und rasch ansprechen, und sie mochten keine straffen Fahrwerke. Sie verlangten nach dem, was wir ‚Boulevard-Federung' nannten, und das bekamen sie auch."

Dass der E-Type in erster Linie für den US-Markt produziert wurde, sorgte auf dem europäischen Markt für einigen Unmut, wo manche Kunden an den allzu leichtgängigen Bremsen Anstoß nahmen. Servicedirektor Lofty England machte Norman Dewis darauf aufmerksam, der entgegnete: „Ersetzt einfach die Mintex-114-Bremsbeläge durch DS11-Rennbeläge von Ferodo, dann gehen die Bremsen schön schwer und fühlen sich richtig hölzern an und man muss das Pedal kräftig treten. So machten wir es auch."

Änderungen an den Modellen der Serie I

Gegen Ende 1964 vergrößerte Jaguar nach knapp vier Jahren E-Type-Bauzeit den Motor von 3781 auf 4235 ccm; ein sehr guter Motor wurde dadurch noch besser. Der größere Motor entstammte der Mark X Limousine und leistete nominell ebenfalls 265 PS, doch bot die Hubraumerhöhung mehr Drehmoment im unteren Bereich und machte die Autos noch elastischer. Nicht lange nach der Einführung der neuen Maschine ließ Jaguar das sehnlichst erwartete vollsynchronisierte Schaltgetriebe samt neuer Membranfederkupplung folgen, auch das für viele Fahrer eine willkommene Verbesserung.

Zu diesen beiden wichtigen technischen Aufwertungen kamen mehrere Verbesserungen im Innenraum hinzu, die den Umgang mit dem Auto insgesamt angenehmer machten. Die Sitze waren nun besser für groß gewachsene Insassen geeignet, die Mittelkonsole war in Innenraumfarbe bezogen und das bislang mit einer Aluminiumblende verzierte Armaturenbrett erhielt ein schwarzes Finish. All das und die weichere Federung machten den E-Type deutlich komfortabler, was Presse und Kunden dies- und jenseits des Atlantiks bestätigten.

Im März 1966, exakt fünf Jahre nach der E-Type-Premiere, führte Jaguar die ersten größeren Änderungen an seinem beliebten Sportwagen durch. Das Werk verlängerte den Radstand des Coupés um rund 23 Zentimeter und gewann dadurch den Raum, um eine kleine Rücksitzbank zu in-

↓ Im ländlichen Ambiente präsentiert sich dieser E-Type der Serie 1½ aus dem Jahr 1967. Noch bevor mit der Serie 2 im Jahr 1968 die ersten umfassenden Modelländerungen eingeführt wurden, verbaute man kurz vor der Präsentation des Neuen bereits viele der modifizierten Komponenten in Serie-1-Fahrzeugen. Diese Übergangsmodelle, die nicht alle die neuen Scheinwerfer aufwiesen, werden von der Szene gerne mit Serie 1½ bezeichnet, bei Jaguar zählten sie intern zur Serie 1.

↓ **Das Werk bewarb, als der 2+2 Serie I im Jahr 1966 erschien, vor allem das Familien-, Reise- und Freizeitpotenzial des Wagens. Dieses PR-Foto will zeigen, dass der erfolgreiche Geschäftsmann auch mit junger Familie sich seinen Jugendtraum erfüllen könne – in Gestalt des geräumigeren E-Type 2+2.**

stallieren, auf der es kurze Zeit zwei Erwachsene oder über einen längeren Zeitraum zwei Halbwüchsige aushalten konnten. Dieser 2+2 Serie I machte den E-Type auch für etwas ältere Kunden interessant, die dokumentieren wollten, dass sie im Herzen jung geblieben waren, aber auch Frau und Kinder im E-Type unterbringen wollten.

Jaguar verlängerte beim 2+2 nicht nur den Radstand, sondern hob auch das Dach um fünf Zentimeter an und verlängerte im selben Zug die Windschutzscheibe um knapp vier Zentimeter nach oben. Wie wir an anderer Stelle bereits gesehen haben, geht es beim Sportwagen teils um Extreme, teils auch um Kompromisse, und im Interesse eines vergrößerten Innenraumes hatten hier Design und Aussehen zu leiden. Der Preis, den man für die Änderungen an der Karosserie zu zahlen hatte, belief sich auf ein Mehrgewicht von etwa 115 Kilogramm, verglichen mit dem 4,2-Liter-Coupé. Dies und die steiler stehende Windschutzscheibe machten sich auch bei den Fahrleistungen bemerkbar. Leider ging beim 2+2 die elegante Linienführung des Originals von 1961 verloren, und es bestätigte sich die in Autokreisen sprichwörtliche Tatsache, dass der erste Entwurf immer der beste ist. Es ist ein seltsames, aber gar nicht so selten auftretendes Phänomen, dass ein anerkannt gutes und beliebtes Fahrzeugdesign dadurch beeinträchtigt wird, dass die Kunden nach mehr und mehr Komfort verlangen, was unweigerlich das Gewicht in die Höhe treibt und häufig auch dazu führt, dass die Reinheit der gelungenen Linienführung in Mitleidenschaft gezogen wird.

Der 2+2 ersetzte das reguläre Coupé aber nicht, sondern ergänzte die auf dem kurzen Radstand ruhenden E-Type-Varianten. Der neue 2+2 ermöglichte Jaguar auch die Einführung eines Automatikgetriebes im E-Type, wichtig für den US-Markt. Zwar hatten sich schon XK 140 und 150 mit Automatik in den Staaten gut verkauft, an den frühen E-Types mit kurzem Radstand stand dieses Extra aber nicht zur Verfügung, da der Raum für die Unterbringung dieser länger bauenden Einheit nicht ausreichte.

Bis zur Einführung des E-Type hatte es in Europa nur sehr wenige Sportwagen mit Automatik gegeben. Natürlich lag das in der Hauptsache daran, dass die Sportwagen in Großbritannien und auf dem Kontinent häufig im Motor-

→ **Die gesamte Serie I Familie, von links nach rechts: Roadster mit Hardtop, Coupé, Roadster mit geöffnetem Verdeck und der 2+2.**

sport eingesetzt wurden, wofür sich das Schaltgetriebe naturgemäß besser eignete. Im Laufe der sechziger Jahre ersetzten gewisse Kundenkreise freilich ihren Sportwagen mit einem leistungsstarken Gran Turismo; hier war weiterhin hohe Leistung gefragt, auf die Wettbewerbstauglichkeit kam es hingegen nicht mehr an. Mitte der sechziger Jahre entstand daher in Großbritannien und Europa eine größere Nachfrage nach großvolumigen Luxus- und GT-Autos mit Automatikgetriebe, eine Tatsache, die den ersten Schritt weg vom reinen Sportwagen und hin zum alltagstauglicheren Gran Turismo markierte.

Die ersten umfassenden Änderungen am E-Type erfolgten mit der Einführung der Serie 2, die für 1968 geplant war. Wie viele Jaguar-Freunde wissen, wurden viele Änderungen gegen Ende der Bauzeit der Serie I, mithin bereits vor der Präsentation der Serie 2, im Jahr 1967 vorgenommen. Tatsächlich handelte es sich hierbei um ein Zwischenmodell, was einmal mehr zeigt, wie häufig dem E-Type Änderungen zuteil wurden. Während die Serie I sich ihrem Ende näherte, kamen von den Zulieferern bereits Komponenten für das neue Serie-2-Modell, aber, wie sich herausstellte, zu früh, da das Montageband noch nicht auf die Serie 2 umgestellt war.

Geoff Turner erinnert sich amüsiert an diesen Augenblick: „Eines Tages kam mein Chef herein, raufte sich die Haare, warf die Arme in die Luft und sagte: Es kommen diese Serie-2-Teile herein und wir haben die Karosserien noch nicht, und wir haben die Motorhauben noch nicht, was sollen wir bloß tun?" Weil Turner alle Bauteile des E-Type genauestens kannte, war er davon überzeugt, dass viele Komponenten der Serie 2 auch in den Serie I passten. Diese Serie-I-Fahrzeuge mit Serie-2-Bauteilen wird gerne als Serie I½ bezeichnet. Es ist äußerst schwierig, genau zu bestimmen, was ein solches Modell ausmacht, da sich die

↓ **Der E-Type Roadster der Serie I½ konnte mit mehr Leistung, sanfter ansprechender Federung und besserem Licht aufwarten.**

Änderungen über einen gewissen Zeitraum und nicht gleichzeitig vollzogen, was es erleichtern würde, das Zwischenmodell zu definieren.

Turner weiter: „Zunächst rückten wir die Scheinwerfer etwa 7,5 Zentimeter nach vorne, als die Amerikaner uns zwangen, die Verkleidungen entfallen zu lassen, und das führte zur geänderten Motorhaube der Serie 2. Aber die ganzen Schalter und Hebel und manches andere passte auch in die Serie I, und die Öffentlichkeit nannte das die Serie I½, intern zählten die Autos aber weiterhin zur Serie I."

Die Serie I½ ist unter E-Type-Freunden sehr beliebt, da sie bereits zahlreiche Änderungen aufweist, die den Federungskomfort hoben; auch spendeten die nach vorne gerückten Scheinwerfer, die nun auf die Plexiglasabdeckungen verzichteten, besseres Licht. Viele dieser Änderungen gingen auf die neuen US-amerikanischen Vorschriften zurück, im Verein mit dem frühen Design des Serie I E-Type ergaben sie aber den besten Sportwagen, der auf dem Markt verfügbar war. Es entstanden aber nur wenige Fahrzeuge dieses Zwischentyps, der schon bald durch die neue Serie 2 ersetzt wurde.

Frühe Rennsporterfolge

„Jaguar XK-E gewinnt erstes Rennen!" lautete die Schlagzeile in *Car and Driver.* Die erste Wettfahrt, an der der neue Jaguar-Sportwagen teilnahm, fand am 15. April 1961 in Oulton Park im englischen Cheshire statt, wo Graham Hill und Roy Salvadori jeweils Roadster-Versionen des neuen E-Type pilotierten. Hill startete für die Equipe Endeavour und gewann, Salvadori belegte den dritten Platz; zwischen die beiden Jaguars hatte sich Innes Ireland im Aston Martin DB4 GT geschoben. Der Hauptkonkurrent, Jack Sears im Ferrari 250 GT, musste sich mit Platz Vier zufrieden geben.

Der Besitzer der Equipe Endeavour („Equipe" ist französisch für „Team"), Tommy Sopwith, war Jaguar-Händler in Brighton und betrieb mit Jaguar-Modellen bereits seit sechs, sieben Jahren Motorsport. Da er Jaguar-Händler war, hatte er natürlich ausgezeichnete Beziehungen zu Coventry, und seine Freundschaft mit Phil Weaver ermöglichte es ihm, bereits 1958 mit dem E-Type Bekanntschaft zu machen, als dieser sich noch in der experimentellen Frühphase befand. Sopwith beobachtete ungeduldig die

↑ „BUY 1" unter Roy Salvadori vor dem späteren Sieger Graham Hill in „ECD 400" beim Debütrennen des E-Type am 15 April 1961 in Oulton Park. Hinter Hill Innes Ireland im Aston Martin, daneben Jack Sears im Ferrari 250 GT.

E-Type-Entwicklung und als der Tag seiner Premiere gekommen war, erwarb er schnurstracks eines der ersten Exemplare für seine Equipe Endeavour.

Tommy Sopwith erzählt: „Mein Platz in den Geschichtsbüchern ist gesichert, ich kann mit Fug und Recht und ohne Widerspruch fürchten zu müssen behaupten, dass ich der Erste war, der einen E-Type in Empfang nahm, denn ich fuhr in die Browns Lane, erhielt den Wagen, begab mich nach Oulton Park und setzte Graham Hill in das Auto; er gewann das Rennen, und am nächsten Tag speiste ich mit Bill Lyons." Wirklich bemerkenswert, lag die Vorstellung des Autos in Genf doch erst einen Monat zurück.

Der E-Type von Tommy Sopwith, den dieser wegen seines Kennzeichens ECD 400 gerne „Echo Charlie Delta" nannte, war ein völlig serienmäßiges Modell, doch in den Händen von Graham Hill konnte er selbst etablierte Rennfahrzeuge wie den Aston Martin DB4 GT von Innes Ireland und den Ferrari 250 GT von Jack Sears schlagen, und Roy Salvadori belegte beim ersten Rennen, wie erwähnt, in dem berühmten Wagen von John Coombs mit dem Kennzeichen BUY 1 den dritten Rang. Trotz seiner Abstammung vom rennbewährten D-Type fuhr sich der E-Type mit seiner hinteren Einzelradaufhängung, deren Serienausführung noch nicht im Motorsport erprobt worden war, völlig anders. Jaguars E2A Le Mans Rennwagen hatte zwar eine Frühform dieser Achse besessen, sie folgte aber zum großen Teil anderen Konstruktionsrichtlinien und war der späteren Serienachse weit unterlegen.

↓ Briggs Cunningham und Roy Salvadori brachten diesen Leichtbau-E-Type mit dem Kennzeichen 1337 VC bei den 24 Stunden von Le Mans 1962 auf einen respektablen vierten Platz.

Nur wenige hatten es für möglich gehalten, dass der E-Type sein erstes Rennen würde gewinnen können, wie seriennah war das Auto also wirklich? Sopwith zu dieser Frage: „Theoretisch entsprach es völlig der Serie; wir gaben keinerlei Modifikationen in Auftrag, aber ich glaube, dass die ersten Motoren, von denen das Werk wusste, dass sie im Rennsport eingesetzt würden, sehr sorgfältig zusammengesetzt wurden.“ ECD 400 mit seinen markanten weißen „Lippen“ um den Mund wurde ein gewohnter Anblick auf den Rennstrecken Großbritanniens. „Wir haben viele unserer Autos so lackiert, weil wir sie damals, in der Ära der handgestoppten Zeiten, einfach besser erkennen konnten“, erklärt Sopwith.

„Tommy Sopwith und John Coombs waren die beiden führenden privaten Rennstallbesitzer in Großbritannien und wurden nach Kräften vom Werk unterstützt. Der D-Type war Geschichte, aber die D-Type-Technik machte den E-Type so schnell“, erläutert Graham Macbeth, der damals für den British Automobile Racing Club tätig war und das Rennen in Oulton Park organisierte.

Journalist David Phipps fuhr für die Juli-Ausgabe von *Car and Driver* 1961 kurz nach diesem Rennen den Wagen von Graham Hill und konnte an Nachteilen nur von dem geringen Fußraum berichten; wirklich klein war der Kofferraum nur beim Roadster, das Coupé hatte hier deutlich mehr zu bieten. Zur Lenkung meinte er: „Bei langsamer Fahrt sind die Lenkkräfte etwas höher, aber wer will mit diesem Auto schon langsam fahren?“ Auf beiden Seiten des Atlantiks lobten die Medien den E-Type über den grünen Klee, nur hier und dort wurde Kritik an Kleinigkeiten laut; es überwog aber die Einschätzung, dass der Wagen allen anderen Sportwagen, praktisch unabhängig von ihrem Preis, Paroli bieten könne.

1961 war der E-Type in England noch ein seltener Anblick, nicht einmal die Händler erhielten Fahrzeuge. Noch einmal Tommy Sopwith: „Das war schon verdammt komisch. Damals fuhren wir mit den Autos an die Rennstrecken, setzten sie ein und fuhren wieder nach Hause, und es gab im ganzen Land nur zwei E-Types in Privatbesitz, nämlich den von Coombs und meinen. Und was sie für ein Aufsehen erregten!“

Eine E-Type-Sternstunde ergab sich 1962 bei den 24 Stunden von Le Mans, wo drei E-Types am Start standen. Das Werkscoupé von Briggs Cunningham/Roy Salvadori besaß eine Leichtmetall-Motorhaube; ein weiteres Coupé wurde von Charles/Coundly gefahren, den dritten Wagen pilotierten Peter Lumsden und Peter Sargent. Letztgenannter Wagen war ein Roadster mit einem aerodynamisch optimierten, nicht abnehmbaren Dachaufsatz und Aluminium-Motorhaube. Obwohl das Auto von Charles/Coundly schon früh ausfiel, konnte Jaguar einen sehr guten vierten Platz durch Cunningham und Salvadori sowie den fünften Platz von Lumsden/Sargent für sich verbuchen.

Da Ferrari und andere Marken, die in der GT-Klasse Rennen fuhren, ihren Rückstand aufholten, erwog Jaguar erneut, einen speziellen Renn-E-Type zu bauen. Nach Roy

→Peter Lumsden und Peter Sargent kamen, ebenfalls 1962 in Le Mans, mit diesem gleichfalls sehr bekannten E-Type, Kennzeichen 898 BYR, auf den fünften Platz.

Salvadoris Unfall mit dem Coombs-Auto (BUY 1) beim Osterrennen 1962 in Goodwood baute das Werk den Unfallwagen als reines Rennfahrzeug komplett neu auf. Über den Winter 1962/63 erfolgte der Neuaufbau als Leichtbau-Version und mit dem neuen Kennzeichen 4 WPD; es sollten zehn weitere solche Leichtbau-Roadster und ein entsprechendes Coupé folgen. Alle Roadster besaßen Rechtslenkung, Leichtmetallkarosserie mit fest installiertem Hardtop, einen Luftauslass am Heck, über den heiße Bremsluft entwich, Magnesiumfelgen von Dunlop, ein härteres Fahrwerk und Rennbremsen und einen eingespritzten 3,8-Liter-Motor mit Aluminium-Motorblock, der bis zu 344 PS leistete. Jaguar hatte auf eine Gewichtsreduzierung von 70 kg gehofft, tatsächlich aber 115 kg erreicht, womit der Leichtbau-E-Type ein ernsthafter Konkurrent des Ferrari 250 GTO wurde.

Die ersten beiden Leichtbauversionen wurden in aller Eile für das Sebring-Rennen 1963 aufgebaut, wo ein Exemplar von dem regelmäßigen Jaguar-Kombattanten Briggs Cunningham gemeldet wurde, das andere vom Jaguar-Importeur an der US-Westküste, British Motor Cars Distributors von Kjell Qvale. Die Qvale-Pilotenpaarung Ed Leslie und Frank Morrill beendete die 12 Stunden von Sebring auf dem siebten Gesamtplatz und mit einem Klassensieg.

Auch in England waren diese Spezialversionen mit Fünfganggetriebe sehr erfolgreich. Anfang 1963 gewann Graham Hill drei GT-Läufe in Snetterton, Goodwood und Silverstone. Der Deutsche Peter Lindner und sein Landsmann Peter Nocker überraschten alle und lagen bei den 1000 Kilometern auf dem Nürburgring anfangs in Führung, obwohl sich im Starterfeld etliche sehr starke Ferraris befanden. Weitere gute Ergebnisse im Jahr 1963 umfassten einen zweiten Platz in Reims für Protheroe, einen Sieg auf der Avus durch Peter Nocker und einen GT-Sieg in Snetterton durch Peter Sutcliffe, bei den prestigeträchtigen 24 Stunden von Le Mans, wo die Ferraris dominierten, konnte Jaguar aber nicht siegen.

Während die Privatfahrer das Leistungspotenzial des E-Type bei zahlreichen Einsätzen in Großbritannien und auf dem europäischen Kontinent zu schätzen lernten, kam es zu weiteren Leistungssteigerungen. Jaguar stand diesen

↑ Am 5. Mai 1963 fand die 47. Ausgabe der Targa Florio statt, der vierte Lauf zur Sportwagenweltmeisterschaft des Jahres. Hier dominierten Ferrari und Porsche, doch Innocente Baggio und Clemente Ravetto belegten in einem E-Type immerhin den 21. Rang.

→ Der Stromlinien-E-Type mit dem Kennzeichen CUT 7, hier beim Goodwood Revival aufgenommen, wurde in den sechziger Jahren mit Erfolg von Dick Protheroe eingesetzt (Aufnahme vom September 2006).

Unternehmungen zunächst skeptisch gegenüber und verweigerte die volle Unterstützung. Malcolm Sayer half immerhin bei einigen Projekten und brachte seine Kenntnisse in die Entwicklung der aerodynamisch optimierten Karosserien der E-Types von Dick Protheroe (Kennzeichen CUT 7) und Lindner und Nocker ein. Sayers zeichnete die heute so bekannte Stromlinienform dieser E-Types, ihre endgültige Gestaltung war aber das Werk von begeisterten Privatfahrern wie Dr. Samir Klat und Frank Costin, dem Mitbegründer von Cosworth. Die beiden gestalteten die obere Hälfte der Karosserie so um, dass sie einem auftriebslosen Tragflächenprofil ähnelte.

Auch 1964 standen sehr gute Ergebnisse zu Buche, als Jackie Stewart die Szene betrat. Er gewann sein Debütrennen in Crystal Palace und unterlag im zweiten Rennen der Cobra von Jack Sears, konnte aber die Cobra von Salvadori und den GTO von Mike Parkes hinter sich lassen.

In den USA war der geistige Ahnherr des XK-E, der E2A, mit einigem Erfolg eingesetzt worden; 1960 hatte er unter Walt Hansgen in Bridgehampton für das vom Werk unterstützte Team von Briggs Cunningham gewonnen. Nach der Einführung des neuen Jaguar-Sportwagens in den USA sollte es nicht lange dauern, bis auch der XK-E sich in dieser Arena bewährte. Im Land der großen V8-Motoren war der Motorsport ein weit verbreitetes Hobby, doch ohne offizielle Werksunterstützung musste sich der XK-E seine Sporen auf mühsame Weise verdienen.

Der erste Sieg eines Serien-E-Type jenseits des Atlantiks gelang Norman Namerow im kanadischen St. Eugene bei Montreal am 18. Juni 1961 bei einem Rennen der Canadian Racing Drivers Association (C.R.D.A.). Bei einem weiteren frühen Auftritt am 2./3. September 1961 im kalifornischen Santa Barbara musste sich ein einsamer E-Type in den Händen von Bill Krause in beiden Läufen mit dem dritten Platz begnügen, jeweils hinter einer bärenstarken Corvette und einem Porsche. Recht besehen waren das keine schlechten Ergebnisse für den neuen Jaguar-Sportwagen in seiner ersten Saison im nordamerikanischen Rennsportzirkus; schließlich war er gerade einmal sechs Monate alt. ■

↑ Die britischen Zuschauer erwarteten in den sechziger Jahren Ferrari-Jaguar-Duelle; so war es auch bei der Tourist Trophy am 24. August 1963 in Goodwood. Hier wird Jack Sears im Leichtbau-E-Type (Kennzeichen 4 WPD) von Roger Penske im driftenden Ferrari 250 GTO bedrängt.

Fast vier Jahre später, am 20 Januar 1971, wurde der XJ 13 aber erneut hervorgeholt und auf die MIRA-Strecke verbracht. Im Jahr 2006, 35 Jahre später, schüttelt Tom Jones noch immer den Kopf, wenn er daran zurückdenkt: „Man holte das Auto aus der Ecke und füllte einfach nur die Reifen mit Luft."

Zweck der Übung war, für einen Werbefilm zum neuen E-Type V12, der vor seiner Einführung stand, den XJ 13 in der MIRA-Steilkurve zu filmen. Man wollte festhalten, wie das Auto sich näherte, wie sich das Brüllen des gewaltigen V12 beim Näherkommen steigerte und wieder abschwoll, als das Auto sich entfernte – es sollte die Eröffnungsszene des Werbefilmes für den V12-E-Type Serie 3 werden, dessen Motor sechs Jahre zuvor im XJ 13 seine Laufbahn begonnen hatte.

Als die Szene im Kasten war, drehte Testfahrer Norman Dewis einige zusätzliche Runden und durchfuhr die MIRA-Steilkurve mit 260 km/h; plötzlich brach eine der Leichtmetall-Rennfelgen, der Wagen prallte in die Leitplanken, schlitterte nach innen und wurde mehrmals in die Luft geschleudert. Der XJ 13 besaß, wie sich Norman Dewis erinnert, einen der ersten Magnesiumfelgensätze: „Die Hersteller wussten das damals noch nicht, aber die Materialien, die sie für die Magnesiumfelgen verwendeten, hatten Probleme mit versteckter Korrosion." Ursache des Unfalls war der Kollaps einer Felge. „Als wir Bruchstücke der Felge fanden, schickten wir sie ins Labor; dort fand man heraus, dass sie kristallisiert waren und aussahen wie schwarzer Kohlestaub." Dewis meint heute, dass das Problem, wenn man die Entwicklung des XJ 13 normal vorangetrieben hätte, sich weit weniger dramatisch offenbart hätte, wahrscheinlich ohne die schrecklichen Folgen zu zeitigen, wie sie in der MIRA-Steilkurve stattfanden. Die Karosserie des Wagens wurde völlig zerstört, der Rahmen und der Großteil der Technik ließen sich aber reparieren. Glücklicherweise erlitt Norman Dewis keine größeren Verletzungen.

Das Wrack wurde ins Werk zurückgebracht und zwei weitere Jahre lang unter der Plane versteckt, dann hielt Lofty England die Zeit für gekommen, den Wagen neu aufzubauen. Zu Jaguars Glück waren die alten Holzformen für die Karosserie noch vorhanden, und Jaguar und Mitarbeiter von Abbey Panels, die schon an der Entstehung des Urmodells beteiligt gewesen waren, arbeiteten Hand in Hand, um das Auto zu restaurieren. Tom Jones amüsiert: „Und die neue Karosserie kostete £ 20.000."

Anders verhielt es sich bei den Felgen. Die alten Formen gab es nicht mehr, und da bei dem Unfall zwei Felgen unwiederbringlich zerstört worden waren, standen die Ingenieure vor dem unlösbaren Problem, Ersatz aufzutreiben. Das Dilemma löste sich in Luft auf, als man sich dazu durchrang, breitere Räder und Reifen zu verwenden, was freilich eine Verbreiterung der Radhäuser, oder „Augenbrauen", wie sie Norman Dewis nennt, nötig machte. Damit war der Neuaufbau abgeschlossen.

Dieses Denkmal, das sich Malcolm Sayer setzte, ist der Nachwelt zum Glück erhalten geblieben; tausende von

← Bei Tempo 250 gab eine der Magnesiumfelgen nach, der XJ 13 schleuderte in das matschige Infield der Strecke. Im Hintergrund ist als Begleitfahrzeug ein XJ 6 zu sehen.

↑ **Der E-Type 2+2 Serie 2 wurde im Oktober 1968 auf der British Motor Show präsentiert.**

Fans in aller Welt hat der XJ 13 in Entzücken versetzt – gut, dass Mr. England das Wrack ins Werk zurückbringen ließ.

Jaguar E-Type Serie 2 (1968-1970)

Im Oktober 1968 präsentierte Jaguar auf der Earls Court Motor Show die Serie 2 in allen drei Karosserievarianten: OTS oder Roadster, FHC oder Coupé und das 2+2-Coupé (2P2), die allesamt bis September 1970 in Produktion blieben. Roadster und Coupé besaßen weiterhin den kürzeren Radstand der Serie 1 von 243,8 cm, der 2+2 den auf 266,7 cm gestreckten Radstand, der einen gewissen Rücksitzraum ermöglichte.

Bei der US-Vorstellung wurde die Serie 2 des XK-E im Mai 1969 von *Car and Driver* als ausgezeichnete Überarbeitung betrachtet. Obwohl Jaguar bemüht war geheimzuhalten, dass man einen V12-Motor entwickelte, wusste man in der Fachpresse offensichtlich darüber Bescheid. Die ersten Zeilen des Tests lasen sich so: „All ihr treuen Leser, die ihr auf den Jaguar XK-F V12 wartet, entspannt euch. Es ist noch nicht soweit." Ein XK-F? In Amerika muss man wirklich große Erwartungen gehegt haben, dass es ein neues Modell mit einem brutalen V12-Motor und irgendeiner neuen, exotischen Karosserie geben werde, wenn die vermeintlichen Experten von einem XK-F sprachen.

In den Medien wurde zum Teil Kritik laut, dass Jaguar zu lange am XK-Motor festhalte; 20 Jahre seien in der Tat eine lange Zeit und jetzt sei es Zeit für etwas Neues. Aber trotz der Enttäuschung in diesem Bereich war die Reaktion auf den XK-E in Amerika sehr positiv. Häufig genannt wurde der im Vergleich zur Serie 1 um 68 Prozent vergrößerte Kühllufteinlass am Bug. Als Grund für diese Maßnahme nannte man die Behebung der chronischen Überhitzungen im Stadtverkehr, in Wahrheit aber lag das lediglich an den beiden Ventilatoren der verbesserten Klimaanlage.

Der bewährte XK-Motor wurde auf die neuen amerikanischen Abgasnormen abgestimmt, wodurch die Höchstgeschwindigkeit drastisch sank – es schien eigentlich sinnlos, einen solch exotischen Sportwagen von so hohem Leistungspotenzial herzustellen, wenn er dann gerade einmal eine Spitze von 190 km/h erreichte, wie es bei der USA-

→ Wie das *Road & Track* Titelbild vom Juni 1969 anzudeuten scheint, hatte der neue Serie 2 E-Type in den USA die Nase vorn – aber nur knapp.

Version nun der Fall war. Andererseits stand beim XK-E die theoretische Spitze nicht unbedingt im Vordergrund, vielmehr schätzten die Kunden vor allem seine Präsenz und das Wissen, dass man eine „Großkatze" sein eigen nannte, die es in Sachen Straßenlage mit jeder Konkurrenz aufnehmen konnte.

Der XK-E zeichnete sich zudem noch immer durch die klassische Linienführung aus, die Malcolm Sayer ein Jahrzehnt zuvor entworfen hatte, machte viel Spaß und wirkte qualitativ ausgereift. Das Cockpit war noch immer „reich bestückt mit Instrumenten wie eine 707", wie es der Redakteur von *Car and Driver* formulierte – die Boeing 707 war damals die Königin des Himmels. Der Vergleich hinkte zwar ein wenig, doch ein umfassender Satz Anzeigeinstrumente war für einen echten Sportfahrer unverzichtbar, der auf detaillierte Informationen Wert legt. Die Windschutzscheibe war etwas stärker nach hinten geneigt, was die Aerodynamik förderte und die Serie 2 im Profil auch besser aussehen ließ.

Wie der ursprüngliche XK 120 sich zum schwereren und vergleichsweise gewichtigen XK 140 und später zum noch feisteren XK 150 wandelte, so setzte auch der E-Type im reifen Alter Speck an. Ein neues Extra für die Serie 2 war die Servolenkung, die sich Norman Dewis bereits für die späten Wagen der Serie 1 gewünscht hatte.

„Es gibt immer eine Grenze. Ich bin Perfektionist und nicht leicht zufriedenzustellen. Ich wollte das Auto einfach nur immer weiter verbessern, es kommt aber immer der Augenblick, wo man aufhören muss, sonst bekommt man das Auto nicht serienreif. Was die Serie 2 angeht, so gab es einige Dinge, die ich schon für die Serie 1 haben wollte, aber nicht bekam, also hob ich das für die nächste neue Version auf", erinnerte sich Dewis, als ich ihn nach den

↓ Beim E-Type 2+2 der Serie 2 war die Basis der Windschutzscheibe weiter nach vorne gerückt, was den Wagen schnittiger aussehen ließ.

JAGUAR
CLUB BARCELONA

YHY 872J

↑ Am Heck des E-Type der Serie 2 prangte ein breiter Chromeinsatz mit größeren Schlussleuchten und zwei Rückfahrscheinwerfern unterhalb der Stoßstange; da das Kennzeichen nun tiefer angebracht war, mussten die Endrohre des Auspuffs um die Nummerntafel herum geführt werden.

AUSGEWÄHLTE VERGLEICHSDATEN UND -PREISE (1969/70)

US-Modelle	Preis*	Hubraum	Motor	Vmax
Chevrolet Corvette	5073	5737 ccm	V8	212 km/h
Chevrolet Camaro Z28	2743	5737 ccm	V8	203 km/h
Shelby Mustang GT 350	4434	5750 ccm	V8	190 km/h
Pontiac GTO	3400	6374 ccm	V8	177 km/h

Europäische Modelle	Preis*	Hubraum	Motor	Vmax
Jaguar XK-E Coupé	5775	4235 ccm	Reihen-6 Zyl.	190 km/h**
Ferrari 250 GT Lusso	13.375	2953 ccm	V12	240 km/h
MG-C GT	3350	2912 ccm	Reihen-6 Zyl.	196 km/h
Lamborghini Miura P400S	19.750	3929 ccm	V12	275 km/h
Maserati Indy 2+2	17.500	4136 ccm	V8	250 km/h
Lotus Europa	4695	1470 ccm	DOHC-4 Zyl.	195 km/h
Aston Martin DBS	17.900	3994 ccm	Reihen 6-Zyl.	230 km/h
Mercedes-Benz 280 SL	7054	2778 ccm	Reihen 6-Zyl.	183 km/h**
Porsche 911 T Coupé	6060	1991 ccm	6 Zyl.-Boxer	196 km/h**

* Unverbindliche Preisempfehlung in US-Dollar inkl. Steuern ** US-Version

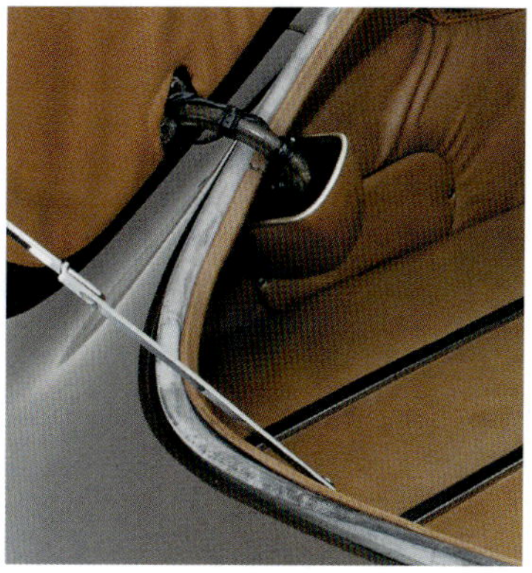

Ursachen fragte, warum dieses typisch amerikanische Extra erst so spät erhältlich war.

Die Änderungen am Außendesign der Serie 2 kann man wohl als nicht sehr gelungen bezeichnen; die neuen Scheinwerfer und Heckleuchten bekamen dem Aussehen des Wagens nicht gut. Die Neuerungen, die teils technische Verbesserungen darstellten, teils auf neue amerikanische Vorschriften und teils auf Kundenwünsche zurückgingen, fielen wenig geschmackssicher aus und stellten eher eine Reaktion als ein proaktives Handeln des Werks dar. Die neuen Heckleuchten, die die amerikanischen Zulassungsbestimmungen nötig machten, vermittelten den Eindruck, sie seien ohne stilistisches Feingefühl einfach nur drangeklatscht worden; das galt auch für die vorderen Blinker, während die Scheinwerfer, mittlerweile ihrer Plexiglas-Abdeckungen beraubt, so weit nach vorne rückten, dass sie auf die Kotflügel aufgeklebt und nicht in sie integriert erschienen. Es sah so aus, als hätte das Werk auch die Scheinwerfer geändert, ohne an die Erhaltung der reinen E-Type-Linie irgendeinen Gedanken zu verschwenden.

Stellten die optischen Änderungen auch keine Verbesserungen dar, so waren die neuen Stoßstangen, die die bisherigen schmalen Ecken ersetzten, nun bis zu den Radausschnitten geführt und die Zentralverschlüsse der Speichenräder gingen ihrer „Ohren" verlustig. Diese von den US-Behörden als gefährlich angesehenen Schnellverschlüsse hatten seit Urzeiten zum besonderen Charme der britischen Sportwagen gezählt.

Terry Cruse, Teilemann bei einem Londoner Jaguar-Händler, erinnert sich an einen amüsanten Vorfall: Ein niederländischer Kunde bestellte für seinen E-Type eine neue Motorhaube. Als er die in eine gewaltige Holzkiste

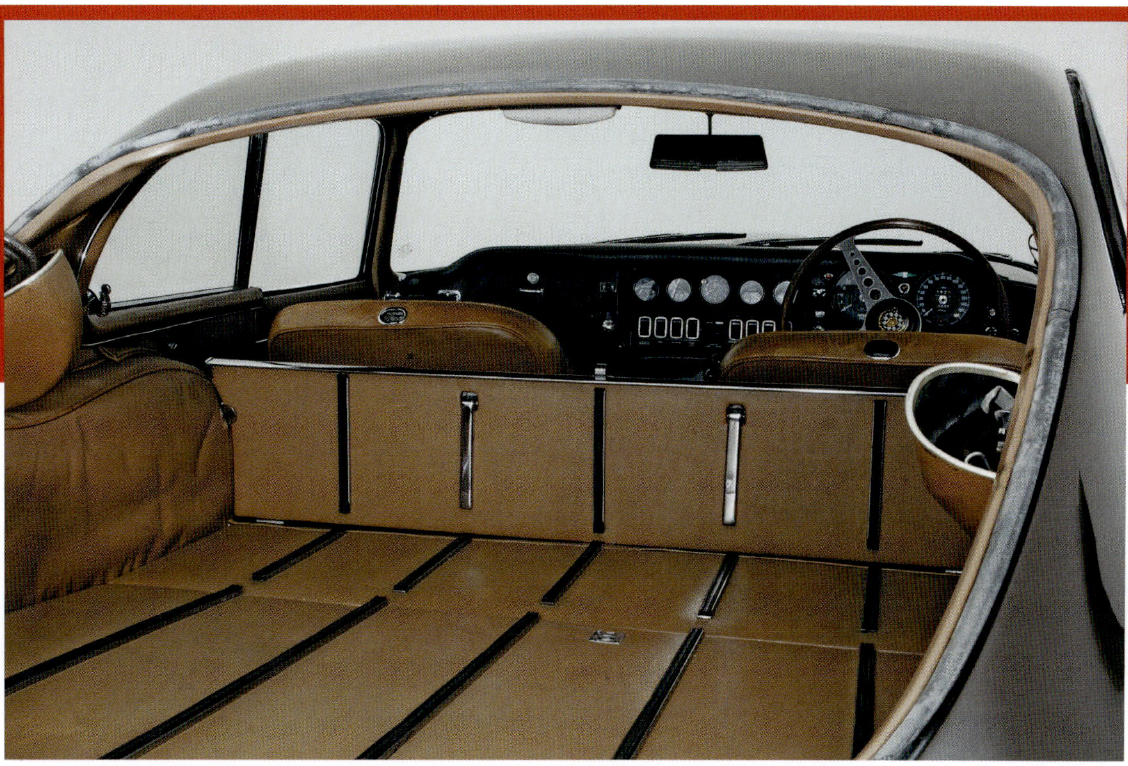

← Die Serie 2 bot für einen Sportwagen einen sehr geräumigen Kofferraum, in dem sich mühelos zwei Golftaschen oder das Urlaubsgepäck verstauen ließen.

YHY
872J

HY 872J

verpackte Haube abholte, bat er um Hilfe beim Verladen. Terry Cruse erzählt: „Wir gingen nach draußen; er hatte einen VW Käfer ohne Dachgepäckträger und wollte die große E-Type-Haube in der Riesenkiste auf dem Dach nach Holland bringen. Er hatte Gummispanner und Seile dabei und wollte die Kiste auf dem Dach festmachen. Ich sagte: Damit schaffen Sie es nicht bis zur Straße, geschweige denn bis Dover! Am nächsten Tag aber rief er an – er hatte es mit der E-Type-Haube auf dem Dach bis heim nach Holland geschafft."

Leider war die Serie 2 eines Großteils der Eleganz der Serie 1 verlustig gegangen, am alarmierendsten aber war die Leistungseinbuße. Vielleicht ist es ein Glück, dass die Serie 2 nur zwei Jahre lang in Produktion blieb, denn irgendwo im Jaguar-Werk arbeiteten die Ingenieure an einem E-Type ganz anderen Kalibers. Im März 1971 präsentierte Jaguar der Welt die letzte Version des E-Type, den Serie 3 V12 mit seinem gewaltigen 5,3-Liter-Motor.

Jaguar E-Type Serie 3 (1971-1975)

Der E-Type der Serie 2 erfuhr über seine Bauzeit nur geringfügige Änderungen. Allerdings fühlte sich der Jaguar-Sportwagen in dieser Version reichlich schlapp an, was an den Maßnahmen zur Entgiftung der Abgase und an der reicheren Ausstattung lag, die das Fahrzeug ebenfalls schwerer und damit langsamer geraten ließen.

Mit der Einführung des sehnlich erwarteten und zeitlich überfälligen V12 reifte der Sportwagen aus Coventry endgültig zum luxuriösen Gran Turismo. Auf den Monat genau zehn Jahre nach der Präsentation des Serie 1 in Genf hatte der geliebte E-Type die unschuldige Reinheit seiner

↓ Der Serie 2 E-Type stand sogar bei Royals hoch im Kurs. Hier wird Prinzessin Gracia von Monaco bei der Ankunft in ihrem Serie 2 Roadster dienstfertig begrüßt.

↑ Am Bug der Serie 2 befand sich nun ein größerer „Mund“, der auch eine verbesserte Klimaanlage mit Frischluft versorgte; die Scheinwerfer rückten weiter nach vorne, um die Ausleuchtung der Straße zu optimieren.

→ 1970 zeigten sich Sitze und Innenausstattung verbessert, doch verströmte der E-Type nach wie vor typisch britisches Sportwagen-Feeling.

ursprünglichen Linienführung eingebüßt; er wirkte jetzt wesentlich aggressiver und verriet seine Absichten schon durch sein Aussehen. Der naive Schulbub war zum reifen Studiosus geworden – jawohl, der E-Type war endgültig erwachsen.

Der E-Type der Serie 3 war in zwei Karosserievarianten ausschließlich auf dem langen Radstand von 266,7 cm erhältlich, als Roadster und als 2+2-Coupé; die Versionen auf dem kurzen Radstand von 243,8 cm hatte man entfallen lassen. Die Wahl des längeren Radstands hatte nichts mit dem 5,3 Liter großen V12 zu tun – schließlich hatte man den Radstand schon im März 1966 im Hinblick auf das Automatikgetriebe und den 2+2 zu Zeiten der späten Serie I auf dieses Maß gestreckt. Die Automatik passte zum Charakter des V12 ganz ausgezeichnet, zudem wurde das alte Viergang-Schaltgetriebe mit der Drehmomentfülle des Zwölfzylinders nur mit Mühe fertig. Im Zuge der Radstandverlängerung um 23 cm hatte das Werk nicht nur Raum für eine Rücksitzbank geschaffen, sondern auch den vorderen Insassen mehr Beinfreiheit gegönnt.

Obwohl Jaguar sich entschieden hatte, den großvolumigen V12 in Serie zu bauen, hegte man keineswegs die Absicht, mit diesem Motor Rennsport zu betreiben, sondern beschränkte sich darauf, ihn als sanften Kilometerfresser in den Serienmodellen zu verwenden. Für die Vielzahl leistungszehrender Entgiftungsmaßnahmen, die die US-Behörden verlangten, eignete sich ein hubraumstarker Motor besser als ein hochdrehendes, teureres und kleineres Triebwerk mit zwei obenliegenden Nockenwellen. Der V12 war das Werk von Bill Heynes und Claude Bailey und bot zwar eine etwas niedrigere Spitze als zuvor der 3,8-Liter in der Serie I, überzeugte aber dennoch durch seine schiere Kraft. Eingedenk der Tatsache, dass die Serie 3 rund 20

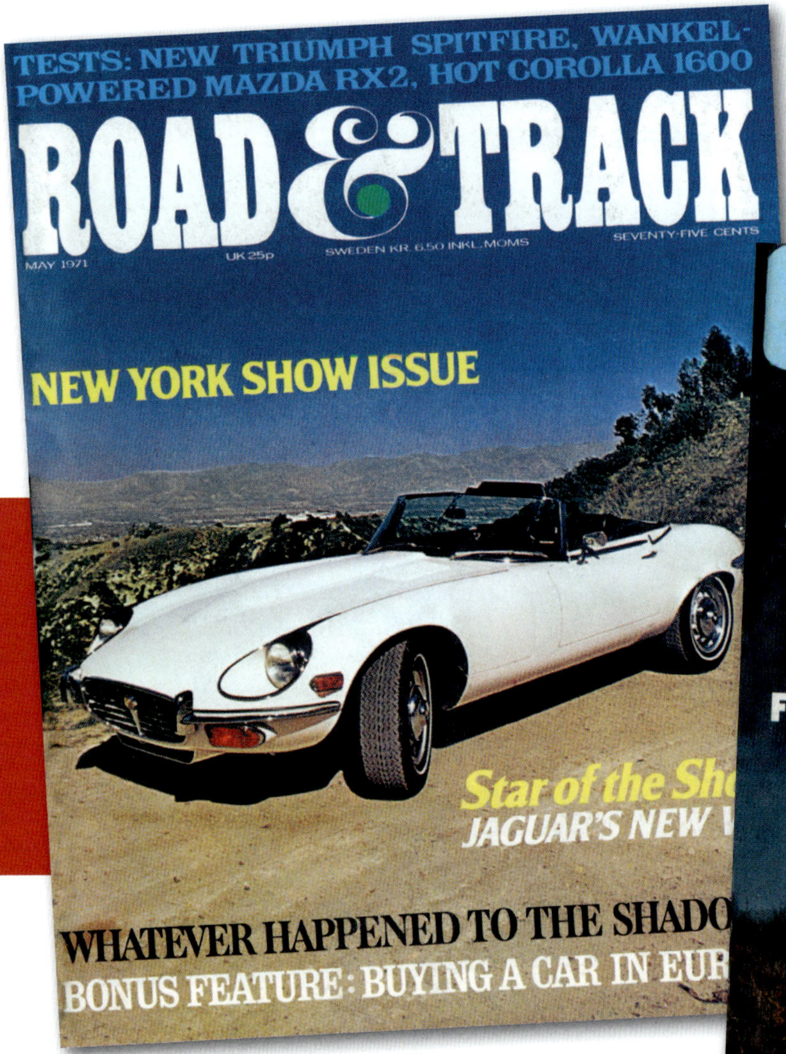

↑→ Die Serie 3 war der erste E-Type, der erst in den USA, dann im Heimatland und in Europa auf den Markt kam. Die Titelseiten von *Road & Track* und *Car and Driver* zeigten dasselbe Auto (Mai 1971).

Prozent schwerer war als die Serie I, zeigten sich die meisten Testredakteure von dem Sportwagen sehr angetan und priesen den ruhigen, sanften Lauf des Motors.

Jaguar war so sehr bestrebt, die Existenz des V12-Motors geheimzuhalten, dass die ersten Pressewagen, die in die USA gelangten, keinerlei Embleme trugen. Nur ein echter Jaguar-Kenner hätte bemerken können, dass dies kein Exemplar der Serie 2 war – Roadster wie Coupé besaßen nun grundsätzlich den längeren Radstand und die Spurweiten waren vorne um zehn und hinten um knapp acht Zentimeter gewachsen. Der jetzt mit einem Grillgitter versehene Lufteinlass am Bug deutete darauf hin, dass sich unter der Motorhaube etwas getan hatte. Beim Anlassen des Motors merkte man aber sofort, dass diese Katze nicht mehr von der alten XK-Maschine angetrieben wurde, sondern dass etwas Kräftigeres unter der langen Haube schnurrte.

Die US-Pressefahrzeuge kamen so frisch vom Montageband in der Browns Lane, dass das Werk sie nicht als Serienmodelle betrachtete, sondern vielmehr als „letzte Erprobungswagen." Sie wurden den Medien volle zwei Monate vor der offiziellen Präsentation der Serie 3 auf der New York Auto Show vorgeführt.

Mit 7000 Dollar war der neue Serie 3 E-Type fast 20 Prozent teurer als der direkte Vorgänger mit Sechszylindermotor, doch wie die Jaguar-Werbeabteilung damals sagte, war „ein Jaguar ein Ferrari zum halben Preis". In Wahrheit kostete ein Ferrari das Dreifache, Jaguar hielt aber an diesem griffigen Slogan fest, da Recherchen ergeben hatten, dass knapp die Hälfte der E-Type-Käufer mit einem Porsche geliebäugelt hatte. Die Chevrolet Corvette war weiterhin deutlich preiswerter als der E-Type zu haben, es gab aber nach wie vor genügend Kunden, die sich für den Sportwagen aus Coventry entschieden, weil sie etwas Außergewöhnliches ihr eigen nennen wollten.

Die Serie 3 war ein rundum gesetzterer Wagen, und Jaguar warb nicht mehr mit der schieren Sportlichkeit des Autos wie noch bei der Serie I. Als man den Ur-E-Type mit dem XK-Motor entwickelte, war die mittige Ausbuchtung in der Motorhaube eine Notwendigkeit, um für das vordere Ende des Ventildeckels Raum zu schaffen; mit der Einführung des V12 in der Serie 3 war diese Wölbung eigentlich ent-

↑ Diana Rigg sitzt bei der New York Auto Show im Serie 3 E-Type mit V12-Motor Probe und bekommt von Graham Whitehead, dem damaligen Chef von Jaguar Cars Inc. of America, einige Feinheiten erläutert; die Schauspielerin war als Emma Peel, die sie in der Serie „Mit Schirm, Charme und Melone" von 1965 bis 1968 verkörperte, bekannt geworden.

ROB 8M

→ **Ein frühes Serie-3-Pressefoto zeigt das attraktive abnehmbare Hardtop mit seitlichen Abluftschlitzen.**

behrlich, da der Motor niedriger baute. Geoff Turner erläutert: „Sie war eigentlich nicht mehr nötig. Wir hatten Prototypen mit flacher Haube, aber das sah einfach nicht gut aus. Es sah einfach nicht nach E-Type aus." Jaguar hielt also in diesem Punkt am Design der Serien I und 2 fest, und außerdem verlieh die Wölbung der Haube auch zusätzliche Verwindungssteifigkeit, was durchaus vorteilhaft war.

Die Linienführung der Serie 3 wirkte mit dem längeren Radstand und der flacher stehenden Frontscheibe unzweifelhaft luxuriöser und zurückhaltender und kündete statt von rassiger Sportlichkeit wie bei der höher drehenden Serie I nun eher von komfortabler Bequemlichkeit. Dafür waren die gewachsenen Längen- und Breitenmaße ebenso verantwortlich wie einige feine Details, etwa die getönte Windschutzscheibe und die breiteren Radhäuser, die neue Stahlfelgen überwölbten; auf Wunsch gab es weiterhin Drahtspeichenräder. Gerade die Stahlfelgen ließen die Serie 3 vom reinen Sportwagenimage hin zum eleganten, bequemen Gleiter rücken.

Die ständig steigenden Sicherheitsanforderungen der US-Behörden sorgten dafür, dass der E-Type immer strengere Kriterien zu erfüllen hatte, die die Bremsen und die Sicherheit betrafen und auch Crashtests erforderlich machten, bei denen ein E-Type gegen einen Betonklotz gefahren wurde. Jaguars recht schelmische verbale Reaktion darauf lautete, dass der E-Type dafür gedacht sei, Betonklötzen auszuweichen, nicht in sie hineinzufahren. Erfüllen musste man die Normen gleichwohl.

↓**Auch vor einem typisch britischen Dorfladen machte das Coupé der Serie 3 eine gute Figur.**

Die Einführung des V12 war aber nicht nur eitel Sonnenschein. Geoff Turner erinnert sich an die Anfänge des Projekts: „Im Oktober 1968 bat mich mein Chef, in das alte Daimler-Werk in Radford zu gehen und den V12-Motor in die Produktion zu nehmen. Wir räumten also die alte Montagehalle in Radford leer und richteten neue Werkbänke ein, an denen die Motorblöcke und Zylinderköpfe und Nockenwellen gefräst werden sollten, dazu ein neues Montageband, ein rundes Band, kein lineares mit Anfang und Ende.“

Das runde Montageband im alten Werk Radford wurde deshalb einem geraden Band vorgezogen, weil es die Montage der Motoren in speziellen Traggestellen ermöglichte, die sich verstellen, drehen und sogar auf den Kopf stellen ließen. Der XK-Motor war stets auf Rollwagen entstanden, wobei manche Stellen nur unter größten Mühen zu erreichen waren und die Arbeiter sich häufig bücken oder knien mussten. Da der neue Motor 37 kg mehr wog als der XK, waren die Drehgestelle am runden

↑ Die breiteren Türen gestalteten den Zutritt zum Innenraum leichter, der ansonsten stark den Ausführungen älterer E-Type-Modelle ähnelte. Breitere Sitze, jetzt auch mit verstellbaren Kopfstützen versehen, sorgten für mehr Bequemlichkeit.

← **Der E-Type der Serie 3 besaß vier Auspuffendrohre, denen wunderbare Musik entströmte.**

amerikanischer Herkunft mit den riesigen V8-Motoren. Wie diese sollte der Jaguar-Sportwagen auch gar nicht klingen, er war von Natur aus ein lautloser Schleicher und musste deshalb einen aggressiv schnurrenden Klang von sich geben, kein lautes Brüllen – das war typisch Jaguar.

Von außen erkannte man die Serie 3 sofort an dem verchromten Kühlergrill und den breiteren Radhäusern. Der größere Kühler verlangte nach einem größeren Lufteinlass, um die Temperaturen des riesigen V12 wirksam in Schach halten zu können. Die vergrößerte Öffnung schrie geradezu nach einem Grillgitter, weshalb das Werk einen Chromgrill installierte. Da man die Windschutzscheibe bei der Serie 3 gleichfalls vergrößert hatte, genügten nun zwei gewöhnliche Scheibenwischer und der ungewöhnliche Dreifachwischer der früheren Roadster-Versionen war Vergangenheit.

Ein Auto zu konzipieren und zu gestalten, das im Grunde dem Vorgänger entspricht, aber etwas größere Abmessungen aufweist, ist nicht einfach. Es mag nicht schwer erscheinen, die vordere Spurweite um zehn und die hintere um 7,5 Zentimeter zu verbreitern, häufig geht aber bei solchen Aktionen die ursprüngliche Reinheit der Linienführung verloren und das Auto wirkt mit einem Mal unausgewogen und falsch proportioniert. Zum Glück war das beim E-Type der Serie 3 nicht der Fall, und trotz der nach wie vor unschönen Heckleuchten wirkte der Wagen

→ Das V12-Emblem auf dem Kofferraumdeckel verrät den unter der Haube schlummernden 5,3-Liter-Motor.

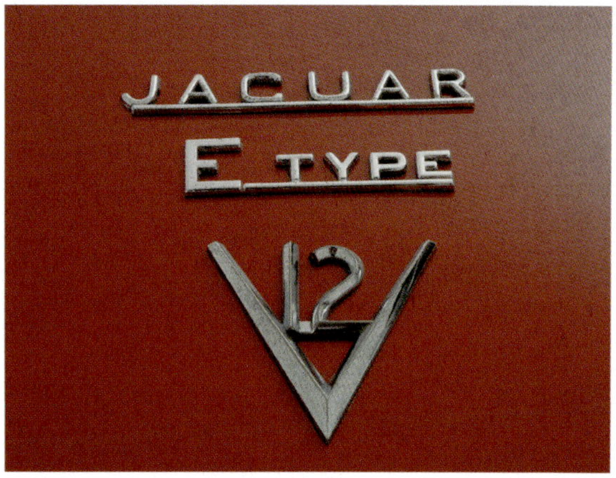

gelungener als die Serie 2 zuvor. Die Autos der Serie 3 überzeugten mit Reife und Präsenz, während die lange Version der Serie 2 aufgetreten war, als hätte man es beim Strecken etwas übertrieben.

Aus der Sicht des Ingenieurs traten keinerlei Schwierigkeiten auf, meint Tom Jones: „Der Motor war größer, daher mussten wir natürlich die Spur verbreitern, mit dem Rahmen hatten wir dabei keine Probleme; nur der vordere Querträger musste verlängert werden, oder verbreitert, wenn man so will."

Das Leistungspotenzial des 5343 ccm großen Zwölfzylinders, der in der Serie 272 PS abgab, machten sich mehrere Fahrer auf beiden Seiten des Atlantiks zunutze. Zu den in den USA Erfolgreichsten und Bekanntesten zählte der Chef von Group 44, Bob Tullius. Der Group 44 V12 E-Type war bärenstark und 1975 gewann dieser vom Werk unterstützte Wagen die Serienwagenklasse B in der vom Sports Car Club of America ausgerichteten Rennserie.

Die „Großkatze" war nun in die Jahre gekommen, hatte aber ein erfülltes Leben hinter sich und sich für Jaguar als großer Exportschlager erwiesen. Der E-Type der Serie 3 geriet aber zunehmend wegen seines antiquierten Fahrwerks in die Kritik, das 14 Jahre lang in allen drei Bauserien gute Dienste geleistet hatte. Es ließ sich nicht leugnen, dass der E-Type eine alte Konstruktion darstellte; im September 1973 wurde die Fertigung des Coupés eingestellt, während der Roadster noch bis Februar 1975 in Produktion blieb.

Betrachtet man die letzte E-Type-Ausführung aus dem Jahr 1975 und zieht man ihre Eleganz und ihre Beliebtheit ins Kalkül, dann wird einem erst recht deutlich, wie revolutionär der E-Type bei seiner Premiere 1961 in Genf auf die Zeitgenossen gewirkt haben muss. Er war eine Klasse für sich und seiner Zeit weit voraus.

Auszeichnungen und Erfolge

Manche hielten den E-Type für keineswegs perfekt, zollten ihm aber bei aller Kritik dennoch Anerkennung. Journalist Jesse Alexander berichtete im Mai 1961 in *Car and Driver* von der E-Type-Premiere und hatte dies zu sagen: „Er ist nicht aus jedem Blickwinkel schön, aber dennoch wunderbar effizient; (Sir William Lyons) und seine Mitarbeiter haben einen Sportwagen geschaffen, den sich selbst Stuttgart näher ansehen wird."

→ Ende einer Ära: Ein schwarzer Serie 3 Roadster, Kennzeichen HDU 555N, war der allerletzte E-Type, der vom Band rollte, und blieb in Jaguar-Besitz. Heute ist der Wagen immer wieder auf Ausstellungen und Veranstaltungen als Jaguar-Botschafter zu sehen; auf dem Deckel des Handschuhfachs trägt er eine Gedenkplakette.

→ So sollte man den E-Type-Roadster der Serie 3 genießen – beim gepflegten Picknick mit Freunden.

BATTERY
OIL
WATER
FUEL

↑ **„E-Type in der Wiese" – das könnte fast ein Sujet für ein Gemälde sein. Hier duckt sich ein Roadster der Serie I ins Gras.**

Messlatte für Erfolg oder Misserfolg eines Sportwagens ist oft der Blick auf die Ergebnislisten der diversen Motorsportveranstaltungen. Ein Luxusauto hingegen gilt als erfolgreich, wenn es von der richtigen Prominentenklientel gekauft wird und seine Absatzziele insgesamt erfüllt. Gewinnt ein Wagen aber gleich sein erstes Rennen, übertrifft die Absatzerwartungen um ein Vielfaches, wird reihenweise von Filmstars gekauft und wird von internationalen Designexperten überschwenglich gelobt, dann kann man mit Fug und Recht von einem überragenden Erfolg sprechen.

Der E-Type ziert seit 1996 als permanentes Ausstellungsstück die Hallen des Museum of Modern Art (MOMA) in New York, was nachträglich beweist, was man schon in den sechziger Jahren wusste. Das MOMA war in der Tat das erste Museum internationalen Ranges, das die herausragende Qualität des E-Type-Designs in dieser Form würdigte; ausgewählt hatte ihn der stellvertretende Kurator für Architektur und Design, Christopher Mount.

Das Auto, das im MOMA zu sehen ist, ein kobaltblauer Roadster des Jahrgangs 1963, steht an prominenter Stelle im Treppenhaus des obersten Stockwerks. Zu den Faktoren, die zur Wahl des E-Type führten, zählten sein zeitloses Design und die Tatsache, dass Designer Malcolm Sayer über mathematische Methoden zu dieser Form gelangt war, nicht durch simples Zeichnen und Skizzieren. Als der E-Type im Museum enthüllt wurde, nannte ihn ein Journalist „eine ewige Ikone der frühen 1960er Jahre und der erotisierten Popkultur jener Zeit." Vielleicht war der Wagen in manchen Kreisen dafür bekannt, aber sein Schöpfer hegte ganz sicher keinerlei Gedanken dieser Art.

Bei der Vorstellung in Genf überschlugen sich die Kommentatoren, selbst wenn sie aus entlegenen Weltgegenden wie Südafrika kamen, vor Lob. Das dortige Fachblatt *Motor Parade* wählte den E-Type im Juni 1961, gerade zwei Monate nach seiner Premiere, zum „Auto des Jahres". Es hieß dort, dass bei den Jaguar-Händlern in Amerika während der ersten Tage der New York Motor Show über 1500 Bestellungen für den neuen E-Type eingingen.

Das Erfolgsgeheimnis des E-Type bestand nicht nur in seinem großartigen Design und seinen überragenden Fahrleistungen, sondern auch darin, dass der Jaguar E-Type einen Sportwagen ganz anderer Art als seine Konkurrenten darstellte. John Maries dazu: „Wir unterschieden uns im Design, im Leistungsniveau und durch Innovationen."

Im August 2004 veranstaltete das Londoner Design Museum gemeinsam mit Jaguar Cars eine Sonderausstellung unter dem Titel „The E-Type – Story of a British Sports Car". Das Museum verfolgte die Entwicklung dieses prächtigen Sportwagens und zeigte einen D-Type, einen Leichtbau-E-Type und verschiedene andere E-Type-Ausführungen, die aus dem Auto die kulturelle Ikone der sechziger Jahre gemacht haben, als die er heute gilt. Eine Pressemitteilung des Museums beschreibt sehr treffend den Moment der E-Type-Vorstellung: „Schnittig und elegant, mit langgestreckten, flachen Linien fing er den Glamour, die Dynamik und den Optimismus des England der frühen sechziger Jahre ein."

Die vielleicht größte Ehrung, die ein solch richtungsweisender Entwurf erfahren kann, ist von der Öffentlichkeit gewählt zu werden; schließlich sollen Autos einem bestimmten Sektor des Marktes dienen und nicht Museumskuratoren und Ausstellungsmachern. In einer 2004 von der britischen Zeitung *Sunday Times* durchgeführten Umfrage erhielt der Jaguar E-Type in der Rubrik „Englands meistgeliebter Wagen" eine Zustimmungsquote von 81 Prozent und ließ damit Sportwagen wie den McLaren F1 mit 66 und den Lamborghini Countach mit 62 Prozent hinter sich. Auch diese Umfrage belegt, welche Sensation der E-Type 1961 war; noch 44 Jahre später war er Publikumsliebling.

Ralph Lauren hat viele in aller Welt anerkannte und begehrte Modekreationen geschaffen und gilt als eine der führenden Persönlichkeiten in der Welt des Designs. Sein hohes Stilbewusstsein und sein kritisches Auge leiten ihn

← **Der E-Type Roadster im Museum of Modern Art in New York. An der Wand hinter dem Dauerexponat eine von Malcolm Sayer errechnete Tabelle der Karosseriekoordinaten.**

Die Kultur des Sportwagens – Jaguars E-Type

Der E-Type ist als erster Großseriensportwagen bedeutsam, der aerodynamischen Konzepten folgte, die vormals Rennfahrzeugen vorbehalten waren. Der Trend im Sportwagenbau geht in jüngerer Zeit stärker in Richtung aerodynamischer Formen. Diese Art von Design – bekannt als „Jellybean-Form", „Linsenform" oder auch „Seifen-Look" – prägt die jüngeren Entwürfe aus den Vereinigten Staaten, Europa und Japan. Prominente Beispiele dafür sind der amerikanische Ford Taurus, der Buick Riviera, der Chevrolet Caprice, der Ford Contour, der Oldsmobile Aurora und die gesamte aktuelle Mazda-Modellfamilie. Diese rundlich geformten Fahrzeuge verdanken dem E-Type sehr viel; sie besitzen abgerundete Ecken, in die Gesamtform integrierte Stoßstangen und in die Karosserie eingelassene Heckleuchten. Viele von ihnen, namentlich der Mazda Miata, weisen auch den ovalen, mundähnlichen Kühllufteinlass des Jaguar auf. Diese Autos imitieren die „aus einem Guss" stammende Linienführung des E-Type. Das Aufkommen dieses Designs zeigt deutlich, dass Bedarf an Autos besteht, deren äußere Form in mehr oder weniger ausgeprägter Art den Gesetzen der Aerodynamik folgt.

Museum of Modern Art
New York
April 1996

→ **Die edle und beeindruckende Frontpartie des Serie 3 E-Type beim 50. Geburtstag des Jaguar Drivers Club im April 2006.**

bei der Auswahl der wichtigsten Sportwagen und Gran Turismo aus aller Welt für seine Sammlung.

Lauren sprach im Rahmen einer Ausstellung im Bostoner Museum of Fine Arts im Jahre 2005 unter dem Titel „Speed, Style and Beauty – Cars from the Ralph Lauren Collection" und sagte: „Diese Automobile sind fahrende Kunstwerke, sie besitzen eine funktionale Schönheit, die inspirierend wirken kann, aber dennoch einem Zweck folgt." In jüngerer Zeit sieht man Autos in zunehmendem Umfang als Kunstwerke an; die Sammler und Museen haben die bemerkenswerten handwerklichen Fähigkeiten, die in einigen Modellen stecken, entdeckt; die Nachkriegsjahre waren eine besonders fruchtbare Periode des Designs und brachten elegante und zugleich innovative Fahrzeuge hervor.

Anfang 2006 lief im englischen Fernsehen auf BBC 2 im Rahmen der Reihe *The Culture Show*, die das Design britischer Produkte feierte, eine Sendung unter dem Titel „The Great British Design Quest". Natürlich war auch der Jaguar E-Type aufgeführt, und die in England bekannte Moderatorin Jenny Éclair hatte dies zu sagen: „Dieses Auto hat irgendetwas, das den Wunsch erweckt, es abzuschlecken. Dieses Auto bringt auf den Punkt, was Großbritannien früher war: Es war sexy, wir waren optimistisch, wir flogen hierhin und dorthin. Der Jaguar E-Type hat sich vom Moment seiner Premiere bis jetzt diesen Staun-Faktor bewahrt."

Eine bessere Bestätigung kann man sich für ein Design, das seit der Vorstellung des Wagens im März 1961 die Autowelt begeistert hat, eigentlich nicht vorstellen. Der Jaguar E-Type ist, wie man sagen könnte, zum Meilenstein geworden, ein Entwurf, der die automobile Landschaft verändert hat. Ein solches Meilenstein-Auto markiert einen erkennbaren Moment, mit dem eine neue Ära im Design oder in der Produktionstechnik begann, oder auch ein dramatischer Wandel im Käuferverhalten und im Gebrauch des Autos.

Ein Bugatti Royale fällt nicht in diese Kategorie, denn bei aller Schönheit entstand er in so geringer Zahl, dass nur wenige Menschen jemals einen Royale zu Gesicht bekommen; außerdem hatte der Royale keinen Einfluss auf Entwurf oder Bau späterer Automobile. Andererseits stellte der 1948 vorgestellte Porsche 356 einen wichtigen Einschnitt im Sportwagenbau dar, demonstrierte er doch,

→ **Im August 2004 veranstaltete das Design-Museum zu London eine Sonderausstellung zum Thema „Geschichte des E-Type." Hier ein Coupé der Serie 1½ im Glaskasten vor dem Museum.**

↑ **Innen zeigte das Design-Museum London mehrere berühmte E-Type-Exemplare, darunter (von links nach rechts): HDU 555N, der letzte je gebaute E-Type, heute im Besitz des JDHT; einen Leichtbau-E-Type, einen Serie I Roadster und ein Serie I Coupé.**

dass es nicht allein auf die Größe ankam. Auch der Ford Mustang des Jahres 1964 läutete eine neue Ära im Sportcoupébau ein und wurde zum Ahnherrn der so genannten Pony Cars; auch VW Käfer, BMC Mini und viele andere ikonische Autos sind heute Referenzpunkte in Sachen Design.

Ebenso setzte der E-Type neue Maßstäbe in Leistung, Preiswürdigkeit und Design, wie man sie noch niemals zuvor an einem Großseriensportwagen erlebt hatte. Der Meilenstein E-Type war der eine Sportwagen, nach dem die Kunden in aller Welt strebten und auf den andere Hersteller mit einer Mischung aus Neid und Respekt blickten. Kurz, ein Meilenstein-Auto ist ein Auto, das heute noch ebenso wichtig ist wie am Tag seiner Premiere – und der Jaguar E-Type ist solch ein Auto.

Das Ende des E-Type

Es war schon eine Ironie, dass die amerikanischen Gesetzgeber von den Abgaswerten der in geringer Stückzahl gebauten Sportwagen derart besessen waren, wo doch die einheimischen Großserienmodelle die größten Hubräume aufwiesen, am meisten Sprit verbrauchten und mehr Abgase produzieren als alle anderen Autos auf dem Planeten. Vor diesem Hintergrund ist es umso unverständlicher, dass Amerika, Jaguars größter und gewinnträchtigster Markt, das Schicksal des E-Type besiegelte.

Überquellend vor Abgasreinigungsvorrichtungen war der E-Type V12 der Serie 3 1975 zu schwer und zu langsam geworden, um als Sportwagen noch für voll genommen werden zu können; die Kunden suchten sich modernere Autos heraus.

Die lauen Fahrleistungen der Großkatze und die auf 220 km/h gesunkene Spitze wurden als nicht mehr übermäßig beeindruckend für den großvolumigen V12 angesehen, und das gestiegene Gewicht machte das Fahrverhalten schwammig und unexakt.

72.529 E-Types entstanden von 1961 bis 1975, zu 80 Prozent Linkslenker. 84 Prozent aller linksgelenkten Fahrzeuge gingen in die USA, insgesamt also 67 Prozent – oder zwei von drei Wagen.

An der obigen Tabelle lässt sich ablesen, dass sich zu Zeiten der Serien 1 und 2 das Coupé etwas besser verkaufte

↑ **2006 stand der E-Type im Londoner Design-Museum erneut im Mittelpunkt; diesmal ging es um britisches Design. Hinter der Ausstellung stand die BBC-2-Fernsehserie *The Culture Show*.**

PRODUKTIONSZAHLEN JAGUAR E-TYPE, 1961-1975

Modell	Stückzahl	Roadster	Coupé
Serie 1	38,389	17,369	21,020
Serie 2	18,848	8,641	10,207
Serie 3	15,292	7,982	7,310
Summen	72,529	33,992	38,537

als der Roadster, bei der Serie 3 verhielt es sich genau umgekehrt. Das letzte Serie 3 Coupé wurde im September 1973 gebaut, der Roadster ging erst im Februar 1975 aus der Fertigung, was diesen Sachverhalt erklärt. Angesichts der erwarteten neuen Überroll-Sicherheitsnormen hatte Jaguar die Arbeit am Nachfolger XJ-S aufgenommen, ein Projekt, das jedoch langwierige Verzögerungen erleiden musste, weshalb der Roadster noch im Programm blieb. Sir William hatte sogar ein Facelift für die Serie 3 in Betracht gezogen, nahm letztlich aber Abstand von dieser Idee, da die Entwicklung des E-Type-Nachfolgers schon einigermaßen weit gediehen war. Tom Jones dazu: „Lyons wollte dem E-Type ein Facelift spendieren, wir waren mit dem XJ-S aber schon zu weit gediehen und das Geld war für ihn reserviert." Jones erinnert sich, dass er ein Modell des überarbeiteten E-Type für Sir William anfertigte. „Wir haben nur Kleinigkeiten hier und da geändert, um das Interesse wach zu halten."

Der E-Type starb aber nicht kläglich, noch in seinem letzten Jahr verkaufte er sich gut, nicht zuletzt dank einer großen Werbekampagne, die das Katzenhafte des Autos in den Mittelpunkt stellte; die Überschriften lauteten etwa „Nobody's Pussycat" oder „Prowl Car". Der letzte E-Type markierte das Ende einer Ära, die 1936 mit dem SS 90 begonnen hatte. Der E-Type war Jaguars bis dahin meistverkaufter Sportwagen und übertraf sogar XK 120, 140 und 150 zusammengenommen. Die letzten 50 Exemplare der Serie 3 erhielten eine schwarze Lackierung, um an das Ende dieser bemerkenswerten Epoche der Firmengeschichte zu gemahnen, und jedes Exemplar trug am Armaturenbrett eine spezielle Plakette, die ihn als einen der letzten jemals gebauten E-Types auswies. Der allerletzte E-Type mit dem Kennzeichen HDU 555N verblieb im Besitz des Werks und ist häufig auf Veranstaltungen in aller Welt anzutreffen, ein Denkmal dafür, was das Unternehmen dem E-Type zu verdanken hat.

Trotz seiner Kraft und seiner hübschen Erscheinung war der Jaguar E-Type kein Kleinserienauto von begrenzter Verwendungsfähigkeit, sondern versuchte so viele Menschen wie möglich anzusprechen. In einer Branche, in der sich Image und Leistung nur allzu häufig in einem exorbitanten Preis niederschlagen, stellte der E-Type eine preiswerte und wichtige Alternative dar. ▪

→ Jaguars Werbeanzeigen unter Überschriften wie „Prowl Car" oder „Nobody's Pussycat" versuchten, den eigentümlichen Zauber, die Kraft und die Anmut des alternden Modells weiterhin der Kundschaft nahezubringen.

↓ Das Ende einer Ära – der letzte E-Type der Serie 3 an seinem Platz im JDHT-Museum in Coventry. Im Hintergrund Prototypenentwürfe der Nase des XK 8.

XKR

Nach dem E-Type

„Ein Jaguar muss Spontaneität und Kreativität ausstrahlen, er ist ein sehr, sehr emotionales Produkt. Er will begehrt werden.“

Julian Thomson – Chefdesigner, Abteilung Vorausdesign, Jaguar Cars

1970	1985	1988	1995	1996	1998	2000
Malcolm Sayer stirbt unerwartet im Alter von 54. September 1975 Start des XJ-S 1975	Sir William Lyons stirbt am 8. Februar	Vorstellung des XJ 220 Prototyps auf der Birmingham Motor Show	Beginn der XK-8-Produktion	Ende der XJ-S-Fertigung	Präsentation der Studie XK 180 im September auf dem Pariser Salon	11. Januar: Studie F-Type auf der NAIAS

→ Weltpremiere des XJ-S auf der IAA in Frankfurt, September 1975.

Jaguar XJ-S

Als der neue XJ-S auf der IAA im September 1975 vorgestellt wurde, erwartete jedermann einen Nachfolger des E-Type. Es war klar, dass sich das neue Auto einer unmöglichen Aufgabe gegenübersah, denn der E-Type hatte seit seinem Debüt 1961 die Öffentlichkeit völlig in seinen Bann gezogen. Es ist daher keine Überraschung, dass der XJ-S daran scheiterte, auf dieselbe Weise wie zuvor der E-Type die Emotionen ansprechen zu wollen.

Mit der Einführung des neuen XJ-S stellte sich erneut die Frage nach den geheimnisvollen Regeln der Jaguar-Modellbezeichnungen. Nach dem Krieg hatten die Jaguar-Sportwagen zunächst der XK-Familie angehört, es folgte der E-Type mit seiner motorsportlichen Abstammung, dem wiederum der XJ-S nachfolgte – es schien einfach keine Logik in den Benennungen der Sportwagen zu stecken. Verwirrenderweise stand das XJ für „Experimental Jaguar", eine Bezeichnung, die recht betrachtet für jeden beliebigen Jaguar-Prototyp stehen konnte, ob Limousine oder Sportwagen. Wofür stand das S, für Sport? „Wahrscheinlich", so Jim Randle. „Wir sahen das so, ja, das stimmt wohl."

Der XJ-S war gewiss mehr Gran Turismo als Sportwagen und bedeutete eine Art Abkehr von der traditionellen Jaguar-Eleganz und -Anmut, Eigenschaften, die insbesondere für die Sportwagenfamilie typisch gewesen waren. Der kantige Look des XJ-S, den sich Malcolm Sayer hatte einfallen lassen, kam recht unerwartet, auch für Werksinsider.

Geoff Turner erinnert sich: „Das war ein ziemlicher Schock nach dem E-Type, der ja ein Sportwagen gewesen war, auch wenn er sich in den späten Jahren zum GT weiterentwickelt hat. Der XJ-S entsprach nicht dem, was wir erwartet hatten. Wir hatten einen Sportwagen erwartet, daher war es ein Schock; wir sahen uns das Auto an und sagten: Das ist kein Sportwagen, das ist ein GT, aber kein Sportwagen."

So wie der Wechsel der Konstruktionsweise vom XK 150 zum E-Type eine Revolution gewesen war, so stellte auch der Übergang zum XJ-S einen Einschnitt dar, denn der XJ-S war ganz anders aufgebaut als der E-Type Serie 3. Er basierte auf der verkürzten Plattform des XJ 6 und entsprach technisch weitgehend der Limousine, abgesehen von gewissen Anpassungen an das Gewicht und Fahrwerksänderungen. Vor der Gründung der Abteilung Produktionstechnik in der Browns Lane sprach Geoff Turner bei der Einrichtung der Montageanlagen für ein neues Modell stets mit den Technikern in der Werkstatt der Erprobung, um die besten Methoden für den Serienbau in Erfahrung zu bringen. Oft konnte Turner dabei vorab einen Blick auf das neue Modell werfen, hier aber erinnert er sich: „Eine XJ-S-Karosserie bekamen wir erst zu Gesicht, als wir die ersten Exemplare bauen sollten."

Der XJ-S begann seine Existenz auf den Reißbrettern als Mittelmotor-Sportwagen und vom XJ 13 beeinflusst. Turner: „Es gab einen Vorschlag, vom XJ 13 Rennwagen ausgehend einen Mittelmotor-Sportwagen zu entwickeln."

Diese frühen XJ-S-Entwürfe hätten zu einem Zweisitzer geführt, nicht zu dem 2+2-Sitzer, als welcher der XJ-S tatsächlich in Serie ging. Frühe Skizzen zum E-Type-Nachfolger zeigen unter anderem einen offenen Roadster und frühe 1:1-Entwürfe des XJ-S warteten mit Fließheck und einer großen Heckklappe wie beim E-Type-Coupé auf. Dieser erste Entwurf folgte den stilistischen Themen des E-Type, wurde später aber zurechtgestutzt, um auf die Plattform der Limousine zu passen.

In Wahrheit zog Jaguar aus mehreren guten Gründen den Bau eines Mittelmotorautos überhaupt nicht in Betracht. Zunächst einmal bot eine solche Konzeption nicht das Maß an ruhigem Fahrkomfort, wie es Jaguar-Kunden gewohnt waren, und ein direkt hinter den Sitzen platzierter Hochleistungsmotor hätte gewiss die Ohren mancher Insassen beleidigt. Zweitens mangelt es in Mittelmotorautos stets an Gepäckraum, und überhaupt eignet sich das Konzept eher für reinrassige Sportgeräte denn für den Gran Turismo, den Sir William anstrebte. Mittelmotor-Sportwagen überzeugen auf der Rennstrecke mit ihrer ausgezeichneten Straßenlage, bei dem geplanten bequemen Langstreckenauto hätten aber die Nachteile mit Sicherheit überwogen.

Geoff Turner meint dazu: „Der XJ-S war ganz anders im Markt positioniert, und im Rückblick hatte Sir William Recht damit, dass der Sportwagenmarkt schrumpfen würde und es besser sei, sich dem Markt der Luxus-GTs, der Langstreckenautos nach kontinentaler Art, zuzuwenden."

Der XJ-S war das letzte von Malcolm Sayer konzipierte Auto, was allgemein überrascht, denn optisch hat er so gar nichts mit seinen Vorgängern gemein. Keith Helfet sagt: „Wenn man sich aber den ursprünglichen Prototyp ansieht, dann sieht man die Verbindung, aber er starb, ehe der Prototyp fertig wurde, das mag einiges erklären."

Wie an anderer Stelle in diesem Buch erläutert, entwickelte Malcolm Sayer seine Entwürfe auf einzigartige Weise mit mathematischen Formeln zur Berechnung der Oberflächen und der Karosserielinien und führte zudem Aerodynamiktests im Windkanal und Versuche mit angeklebten Wollfäden auf der Straße durch. Keith Helfet erinnert sich: „Seine Entwürfe entwickelte er unter zwei Gesichtspunkten, einmal von der Ästhetik her, aber auch mit Blick auf seine aerodynamischen Ziele. Er war wohl einer der talentiertesten Automobildesigner aller Zeiten."

← ↓ Dieses Windkanal-Erprobungsmodell eines Jaguar-Mittelmotor-Sportcoupés wurde gemeinsam mit anderen britischen Autos auf der Messe „Bringing America More Adventure" in New York gezeigt. Das Modell stammt von Jaguar-Designer Bob Blake und zeigte, wohin die Reise hätte gehen können. Der Wagen hätte vom hauseigenen 5,3-Liter-V12 angetrieben werden sollen, der hier auf über 500 PS gekommen wäre und das Auto gut 320 km/h schnell gemacht hätte. Das Konzept, das einige Ähnlichkeit mit dem XJ 13 aufweist, wurde zugunsten der vertrauten Frontmotorauslegung aufgegeben.

In dem Versuch zu verstehen wie es zu dem ganz und gar „un-E-typischen" XJ-S kam, muss man die Umstände, die zur Zeit der Entwicklung des Wagens herrschten, mit in Betracht ziehen. Beim Vergleich mit anderen Sportwagen und Gran Turismos, die damals erschienen, sieht man, dass die Mittelmotorkonzeption an Beliebtheit gewann, namentlich bei gewissen kontinentaleuropäischen Edelmarken, und dass die Amerikaner diesen Autos große Ehrfurcht entgegenbrachten, musste Jaguar mit einkalkulieren. Frühe XJ-S-Entwürfe besaßen daher einen Mittelmotor und die Ferrari-artigen, nach hinten auslaufenden C-Säulen, doch dieser erste Entwurf war auch wesentlich kleiner als das spätere Serienmodell. Vom E-Type übernommen werden sollten die Hinterachse und der ursprünglich aus dem XJ 13 stammende V12-Motor.

Um zu belegen, dass manche Designelemente unabhängig voneinander von verschiedenen Herstellern aufgegriffen werden können: Das Chevrolet Corvette Stingray Coupé des Jahrgangs 1968 besaß ganz ähnliche hintere Dachpfosten, die dem Modell fast zehn Jahre lang erhalten blieben. Diese

KONZEPTION UND TECHNISCHE DATEN AUSGEWÄHLTER SPORTWAGEN ZUR ZEIT DES XJ-S

Modell	Jahr	Hubraum	Motor	Einbaulage	Leistung	Vmax	Preis*
Maserati Indy	1971	4136 ccm	V8	vorn	260 PS	250 km/h	$ 17.500
Lamborghini Espada	1972	3929 ccm	V12	vorn	350 PS	250 km/h	$ 24.500
Ferrari 365 GTB/4	1973	4392 ccm	V12	vorn	320 PS	280 km/h	$ 25.350
Lamborghini Countach	1973	3929 ccm	V12	Mittelmotor	375 PS	280 km/h	$ 52.000
Maserati Bora	1973	4719 ccm	V8	Mittelmotor	310 PS	260 km/h	$ 26.900
Jaguar XJ-S	1975	5343 ccm	V12	vorn	285 PS	245 km/h	$ 20.000
Mercedes 450 SLC	1975	4520 ccm	V8	vorn	225 PS	220 km/h	$ 23.976
Aston Martin V8	1977	5340 ccm	V8	vorn	340 PS	225 km/h	$ 33.950
Chevrolet Corvette	1977	5737 ccm	V8	vorn	210 PS	212 km/h	$ 8648
Ferrari 512 BB	1979	4942 ccm	B12	Mittelmotor	340 PS	302 km/h	$ 85.000
Porsche 928	1980	4474 ccm	V8	vorn	240 PS	230 km/h	$ 37.930
BMW M1	1980	3453 ccm	R6	Mittelmotor	277 PS	260 km/h	$ 115.000

* Alle Preise zu Vergleichszwecken in US-Dollar umgerechnet

→ Frühe Skizze zum XJ-S, die dem Serienmodell schon stark ähnelt.

↑ **Dieses Pressefoto des XJ-S entstand im Juni 1975 nahe dem Lac d'Orédon in den französischen Pyrenäen, drei Monate vor der Fahrzeugpräsentation auf der IAA in Frankfurt.**

Corvette-Generation, die direkt mit dem späten E-Type und später mit dem XJ-S konkurrierte, besaß ein rundliches Design mit planen Oberflächen, was ebenso für den XJ-S galt, von dem man demnach sagen könnte, dass er für den US-amerikanischen Markt konzipiert wurde.

Die Sportwagenszene zeigte aber Mitte der 70er Jahre in den USA deutliche Signale, dass Veränderungen vor der Tür standen. Die befürchteten Überschlagsnormen bedrohten die Zukunft des offenen Sportwagens, was sich in der Entwicklung des XJ-S niederschlug, der infolgedessen nur als geschlossenes Coupé angeboten wurde. Diese Entwicklung machte Sayers Pläne für eine offene Variante zunichte, aber selbst der Riese General Motors musste 1975 die Herstellung der offenen Corvette einstellen und lancierte erst zehn Jahre später wieder einen offenen Sportwagen, als sich die allgemein erwarteten Gesetze nicht konkretisiert hatten.

Leider verstarb Malcolm Sayer 1970, als der XJ-S-Prototyp eben Form anzunehmen begann, womit dem ganzen Projekt der Spiritus Rector verloren ging. Keith Helfet sagt: „Die Umstände waren nicht glücklich, aber wenn man sich einen XJ-S anschaut, stellt man fest, dass er einzigartig ist. Er besitzt eine starke Präsenz, fabelhafte Proportionen und eine fabelhafte Balance. Es ist ein sehr beeindruckendes Auto, aber der Vergleich mit dem E-Type war nicht fair."

Als der Frontmotor im XJ-S beschlossene Sache war, zeitigte dies offensichtlich Auswirkungen auf die Gestaltung des Vorderwagens, der relativ lang ausfiel, wie schon beim E-Type. Das lag zum Teil daran, dass der massige V12 aufgrund seines hohen Gewichts hinter der Vorderachse untergebracht werden musste, wollte man eine vorteilhafte Gewichtsverteilung erzielen, wodurch automatisch der Motorraum in der Länge wuchs. Dieses Längenwachstum des XJ-S setzte der Sportlichkeit natürlich Grenzen und ließ das Auto zum echten Gran Turismo werden. Helfet: „Die plastische, sexy Form des E-Type ging verloren, aber das lag zum Teil schon im XJ-S Prototyp begründet."

Die Tatsache, dass Jaguar den XJ-S anfangs nicht als Cabriolet anbot, schien zu bestätigen, dass auch dieses Modell in erster Linie für den US-Markt gedacht war, was dadurch bestätigt wird, dass das Werk über die angekün-

→ **Der XJ-S wurde für Jaguar das am längsten gebaute Sportwagenmodell. Hier zeigt ein Coupé des Jahrgangs 1979 seine flossenartig auslaufenden C-Säulen.**

digten Überschlagsnormen bestens informiert war. Das Cockpit, das nicht Malcolm Sayer entworfen hatte, war typisch amerikanisch und in Übersee wurde der XJ-S ausschließlich mit Automatik angeboten, während er in Europa auf Sonderwunsch auch mit Schaltgetriebe erhältlich war. Das ging weniger auf den US-Einfluss zurück, sondern darauf, dass die Automatik am besten zur Kraft und dem immensen Drehmoment des V12-Motors passte. Keith Helfet meint dazu: „Es war eine schwierige Zeit und ich glaube, der XJ-S sah irgendwie mittelatlantisch aus."

Das Design des XJ-S wurde im hauseigenen Designstudio fertiggestellt; das Auto wurde von der Öffentlichkeit ganz unterschiedlich bewertet, am besten aber vergleicht man es mit einem guten Rotwein, der mit der Zeit immer besser wird. „Er hatte anfangs eine schlechte Presse, aber es war schwer, dem E-Type nachzufolgen", streicht Helfet heraus.

Die Verkaufsabteilung in Coventry hegte große Pläne mit dem neuen Auto; als Geoff Turner angewiesen wurde, die Produktion am Montageband zu planen, lautete seine

Malcolm Sayer – Eine Würdigung

1916-1970

Malcolm Gilbert Sayer starb völlig unerwartet 1970, mit erst 54 Jahren. Sayer, der ab 1938 an der Luftfahrt- und automobiltechnischen Fakultät der Universität Loughborough studiert hatte, wurde von seiner Alma Mater später als Designer „des aufregendsten Sportwagens der Welt", des Jaguar E-Type, gefeiert.

In einer Pressemitteilung der Universität aus dem Jahr 2005 heißt es: „Er war einer der ersten Designer, die die Prinzipien der Aerodynamik auf Automobile anwendeten; mit seinen wissenschaftlichen Berechnungen schuf er eine der schönsten Formen der Zeit." Die Mitteilung begleitete eine von der Universität und dem Jaguar Daimler Heritage Trust am 21. Mai 2005 durchgeführte Zeremonie, in deren Rahmen eine Gedenktafel für Sayer in Anerkennung seiner Verdienste enthüllt wurde.

↑ Ein Vierliter XJ-S Cabriolet des Jahrgangs 1995

erste Frage, wie viele Autos man denn zu verkaufen plane. Ein Besuch in der Verkaufsabteilung ließ bei ihm die Alarmglocken schrillen, denn man sagte ihm: „Wir wollen 500 Stück pro Schicht und pro Woche, und wir brauchen zwei Schichten." 1000 Autos pro Woche, wo das Maximum, das man mit Mark 2, Mark X und E-Type bislang insgesamt erreicht hatte, sich auf 800 Wagen belief! „Oh ja, wir haben mit dem Wagen Großes vor", kam die Antwort. „Er wird weggehen wie warme Semmeln und wir werden es als transkontinentalen Luxus-Express vermarkten."

Das Montageband wurde dementsprechend verlängert, doch laut Turner „erreichten wir zu keiner Zeit 1000 Stück pro Woche, nicht einmal 500, einige Wochen lang kamen wir auf gut 280 Stück." Durch die Verwendung der verkürzten Plattform der Limousine fiel der Zusammenbau des XJ-S nicht wesentlich anders aus als im Falle des Viertürers. Obwohl das Auto mit Vergasern entwickelt und erprobt worden war, fiel aber im letzten Moment die Entscheidung, den XJ-S mit Einspritzung auszurüsten, was seinen Start erneut verzögerte.

Nachdem der XJ-S in Produktion gegangen war, führte Jaguar die Entwicklung des Coupés trotz der lauen Verkaufszahlen weiter; 1980 erhielt der Zwölfzylinder einen neuen Zylinderkopf mit den von Ingenieur May entwickelten „Fireball"-Brennräumen, die den Verbrauch senken halfen. Dieser XJ-S HE (für „High Efficiency") erfuhr daneben auch einige Änderungen an der Innenausstattung. Tom Jones: „Die neue Einspritzanlage senkte den Verbrauch um etwa anderthalb Liter und die May-Köpfe um

STÜCKZAHLEN JAGUAR XJ-S

Modell	Bauzeit	Stückzahl
XJ-S V12	1975-1993	82.384
XJ-S 3.6	1982-1991	10.017
XJR-S V12 6.0	1989-1993	837
XJ-S 4.0	1990-1996	19.531
XJ-S 6.0	1992-1996	2561
Summe		115.330

Zahlen laut Jaguar Cars, Coventry

weitere eineinviertel Liter; man musste diese Neuerungen gemeinsam einführen, um eine Verbrauchssenkung von vielleicht zweieinhalb Liter zu erzielen."

Interessanterweise entstand der XJ-S in größeren Stückzahlen als die Design-Ikone E-Type, auch wenn man sagen muss, dass er diesen in der Gesamtbauzeit bei weitem übertraf. Anders herum ist es aufschlussreich, dass der E-Type vom Absatz her im Vergleich mit dem stückzahlenmäßig überlegenen XJ-S, der den Vorteil moderner Produktionsmethoden und umfangreicher Marktforschung genoss, gar nicht so schlecht abschneidet. Die untenstehende Tabelle, die die Jahresproduktion der verschiedenen Fahrzeuge zusammenfasst, illustriert, wie erfolgreich das zeitlose Design des E-Type zu einer Zeit war, als Marktforschung in England und Europa noch ein Fremdwort war.

VERGLEICH STÜCKZAHLEN E-TYPE/XJ-S

Modell	Gesamtstückzahl	Bauzeit	Autos pro Jahr
E-Type	72.529	14 Jahre	5180
XJ-S	115.330	21 Jahre	5491

XJ 220 – Der Über-E-Type

1988 kündigte Jaguar an, dass man die im Motorsport mit dem XJR-11 gewonnene Erfahrung nutzen und nach vierjähriger Entwicklung einen eigenen Supersportwagen bauen werde. Der XJ 220 debütierte als Konzeptauto auf der Birmingham Motor Show des Jahres 1988 und war der unbestrittene Star der Ausstellung. Als Jaguar aber 1989 von Ford aufgekauft wurde, waren die neuen Hausherren der Ansicht, dieses Juwel solle in einem Joint Venture namens Jaguar Sport, an dem Jaguar und Tom Walkinshaws Unternehmen TWR beteiligt waren, gebaut werden.

Beim XJ 220 fragt man sich zwangsläufig, weshalb Jaguar dieses Auto überhaupt ins Programm nahm, denn es ersetzte kein vorhandenes Modell und wollte auch sonst nicht ins Modellaufgebot passen, zudem waren die geplanten Stückzahlen gewiss nicht sonderlich hoch. Keith Helfet, der das Design des XJ 220 schuf, sagt: „Wir wollten es mit dem Porsche 959 und dem Gruppe-B-Ferrari GTO von 1984 aufnehmen … Jim (Randle) meinte: Gut, Porsche und Ferrari haben Gruppe-B-Autos, und wenn wir auch einen machen, können wir vielleicht eine Rennserie zum Laufen bringen, weil andere uns folgen werden. Das Auto war also eigentlich als Gruppe-B-Wagen gedacht, und bis ein paar Wochen vor der Premiere hieß er auch so, Gruppe B."

Der XJ 220 muss zu den besten Autoentwürfen von Jaguar gezählt werden und nimmt wohl einen Platz neben XK 120 und E-Type ein. Fast wäre er gar nicht in Produktion gegangen, denn Jim Randle legte größten Wert darauf, dass der 220 keine anderen Projekte behindere und es nicht so aussehen durfte, als nehme er Ressourcen in Anspruch, die eigentlich den Serienautos der Marke galten. Kurz, es war ein „Samstagsauto", das in der Freizeit der Beteiligten und an Wochenenden entstand.

→ **Geoff Lawson und Mark Lloyd mit dem XJ 220 Prototypen im Studio von Park Sheet Metal, wo die Karosserie entstand. Das hier zu sehende Exemplar war der spätere Ausstellungswagen und zu der Zeit der einzige vorhandene XJ 220. Die Karosserien der Serienmodelle entstanden dann aber bei Abbey Panels.**

Sir William Lyons – Eine Würdigung

4. September 1901 – 8. Februar 1985

Sir William Lyons war ein außergewöhnlicher Mann. Er leitete sein Unternehmen völlig humorlos und verlangte von allen Arbeitern das Optimum, egal, ob es sich um einfache oder komplexe Aufgaben handelte. Manchen zufolge war er zudem sparsam bis zum Geiz, doch war es eben diese autokratische Führungsart, die das Werk zu dem machte, was es war.

William Lyons kam am 4. September 1901 in Blackpool zur Welt und gründete ebendort gemeinsam mit William Walmsley 1922 Swallow Sidecars. Erst zehn Jahre später konnte William Lyons seinen Traum verwirklichen und baute mit S.S. 1 und S.S. 2 seine eigenen Autos. Mitte der 30er Jahre schied Walmsley aus dem Unternehmen aus, womit der junge Lyons allein das Sagen hatte.

Schon in seiner Frühzeit verstand sich William Lyons ausgezeichnet darauf, sich mit talentierten und fleißigen Mitarbeitern zu umgeben, eine Eigenheit, die ihm zeitlebens erhalten blieb. Jim Randle meint: „Sir William erreichte all das nicht allein, er hatte einige tolle Leute um sich; darin bestand seine Brillanz, dass er einige wirklich herausragende Leute anheuerte. Bill Heynes, Bob Knight, Wally Hassan und wie sie alle hießen, waren wirklich brillant. Damals ging es mehr um die Autos als darum, Geld zu machen, aber natürlich muss man das miteinander in Einklang bringen."

Sir William war von dem Willen beseelt, sich nur mit dem Besten zufriedenzugeben, wie sich Jim Randle erinnert: „Der alte Knabe war immer im Werk, und selbst in den achtziger Jahren habe ich ihn fast täglich gesehen. Er kam

→ Sir William und Lady Lyons aufgenommen vor ihrem Anwesen in den frühen 1980er Jahren.

vorbei und schaute, was wir machten, zeigte mit seinem Stock auf etwas und sagte: Finden Sie, dass das so richtig ist, Randle? Und ich antwortete: Jawohl, Sir William; er ging und man dachte über Nacht nach und kam zu dem Schluss, dass der Alte Recht hatte und änderte das Teil. Wenn er das nächste Mal kam, sagte er: Ja, so ist es besser … O ja, er war ein großer Mann, ich mochte ihn sehr."

Bis zum Ende fühlte sich Sir William seinem Werk verpflichtet und arbeitete mit, auch noch von seinem Alterssitz aus. Randle: „Am Tag vor seinem Tod gab er mir noch Anweisungen. Wir arbeiteten am XJ 41, und vom Totenbett aus rief er mich an und wollte wissen, wie wir vorankamen. Er war aber immer brutal ehrlich. Worum immer es ging, man wusste stets, woran man bei ihm war. Er ging so in seinem Unternehmen auf und hatte ein so großes Talent. Bis zum Ende fühlte er sich der Firma verpflichtet. Leider galt das nicht für alle. Ja, ich habe die Rede an seinem Grab gehalten, seinen Nachruf."

↑ **Der XJ 220 Prototyp auf der Birmingham Motor Show 1988**

„Als ich am 220 arbeitete, tat ich das nach Dienstschluss. Ich hatte einen Fulltimejob, und das machte ich außerhalb der Arbeitszeit im „Samstagsclub." Das Auto konnte ich nicht während der normalen Dienstzeit machen, daher hatte ich freie Hand dabei; ich arbeitete auf eigene Rechnung", so Helfet.

Der XK 120 war ein ganz anderes Auto gewesen als der vorherige SS 100; der E-Type stellte einen großen Fortschritt gegenüber dem XK 150 dar, der dem XK 120 nachgefolgt war. Auch der XJ-S war ein Quantensprung und geriet in Design und Styling gänzlich anders als der E-Type. Jede dieser Sportwagengenerationen besaß eine ganz eigene Designsprache, setzte neue Standards in der Branche und erweckte in den Kunden verschiedene Erwartungen und Wünsche. Beim XJ 220 bestand die Herausforderung, der sich der Designer gegenübersah, darin, Elemente dieser älteren Entwürfe zu isolieren und sie zu einem neuen Modell zu verschmelzen, ohne dabei der Vergangenheit allzu sehr verhaftet zu bleiben. Bei den erwähnten Sportwagen hatte der Designer jeweils darauf geachtet, vom Vorgänger nicht zu viel zu übernehmen, schließlich ging es ja in jedem einzelnen Fall darum, ein völlig neues Modell zu realisieren, nicht darum, das alte aufzufrischen.

Der XJ 220 sollte der Nachfolger im Geiste des XJ 13 werden, was Helfet einerseits die Arbeit leichter machte, ihn andererseits aber auch forderte. Es war schwer, dem XJ 13 etwas Gleichwertiges folgen zu lassen, er stellte aber auch eine prächtige Inspirationsquelle und eine wichtige Motivation für den Designer dar.

Keith Helfet verrät: „Es war ein Segen und ein Fluch, denn vom Konzept her war der 220 der Nachfolger des 13, der moderne Nachfolger. Und ein Teil von mir meinte, dass das unmöglich sei, weil der 13 einfach ein reines Kunstwerk ist. Er ist absolut großartig. Darum war es unglaublich schwer; andererseits ist er eine Quelle der Inspiration."

Als der XJ 220 entstand, gab es keine vergleichbaren Fahrzeuge auf dem Markt, doch wie wir gesehen haben, war eben das Tradition bei Jaguar, mit jedem neuen Modell den Designhorizont zu erweitern. Helfet: „Für mich ging es nicht darum, vom 13 einige Klischees oder Designdetails

„Ein Objekt der Begierde zu erschaffen; für einen Designer kann es, glaube ich, nichts Schöneres geben. Das war es, das ich versuchte. Malcolm Sayer war mein Mentor, ich habe ihn nie kennengelernt; er starb zu früh, aber er war mir Inspiration. Er war eines meiner Design-Idole, um ein Klischee zu verwenden."

Keith Helfet zum XJ 220

← **Jaguar-Designer Keith Helfet umringt von den von ihm entworfenen Sportwagen. Im Vordergrund, von links, die Studie XK 180, XJ 220 und XK 8. Im Hintergrund ein Maßstabsmodell des XJ 220, das vor dem 1:1-Modell entstand.**

zu nehmen und sie einfach einem neuen Auto aufzusetzen. Das ist nicht Jaguar. Malcolm Sayer hat das nie getan … Die Essenz war es, die ich für wichtig hielt. Zum Beispiel die plastische Gestaltung, um seine Design-Aussage zu erzielen. Es gab Details wie den sichtbaren Motor hinten, eine tolle Sache, und nichts sprach dagegen, das zu übernehmen. Und natürlich der ovale Mund, der zwar ein Designklischee war, aber auch sinnvoll."

Keith Helfet genoss den Vorzug, fast fünf Jahre lang seinen Sinn für Autodesign und Styling Seite an Seite mit Sir William Lyons entwickeln zu können. Zwar starb Sir William, noch ehe der 220 auch nur angedacht wurde, Keith Helfet ist aber überzeugt davon, dass er seine Zustimmung erhalten hätte. „Ich wurde von ihm beeinflusst, weil er da war, und ich wurde auch von ihm beeinflusst, wenn er nicht da war. Als ich den 220 machte – und er sah den 220 niemals, er war da schon gestorben – dachte ich immer, dass der Geist von Sir William bei mir war und stellte mir immer die Frage: Würde ihm das gefallen oder nicht? Das war mir wichtig: Wie er das

↑ Vom XJ 13, dem Rennfahrzeug, das ihm beim Entwurf des XJ 220 als Inspirationsquelle diente, wollte Helfet den frei sichtbaren Motor übernehmen.

TECHNISCHE DATEN XJ 220 PROTOTYP UND SERIENMODELL

	XJ 220 Prototyp (Birmingham 1988)	XJ 220 Serienausführung (ab 1991)
Motor	V12-Mittelmotor	V6-Biturbo-Mittelmotor
Hubraum	6,2 Liter	3,6 Liter
Getriebe	Hewland-Fünfgang	vollsynchronisiert, Fünfgang
Leistung	ca. 530-550 PS	542 PS
Höchstgeschwindigkeit	ca. 320 km/h	354 km/h (Werk), 343 km/h (gemessen)
0-96 km/h	ca. 3,5 Sekunden	3,6 Sekunden
0-161 km/h	ca. 8 Sekunden	7,9 Sekunden
Länge	5141 mm	4930 mm
Breite	2203 mm	2220 mm (inkl. Rückspiegel)
Höhe	1237 mm	1150 mm
Gewicht	1590 kg	1470 kg
Stückzahl	1	350*
Preis	-	£ 413.000 (inkl. Steuern, Juni 1992)

* 350 Stück geplant – ca. 300 gebaut, inklusive Prototypen und Rennfahrzeugen
Alle Angaben laut Jaguar Cars, Coventry

gemacht hätte. Ich glaube, er wäre mit dem 220 zufrieden gewesen", sagt Keith Helfet.

Der XJ 220 war um eine verklebte und vernietete Monocoque-Plattform herum konstruiert, die aus einer leichtgewichtigen, rostresistenten Aluminiumlegierung bestand und an hochbelasteten Stellen durch eine Aluminium-Wabenstruktur verstärkt war. Als die ersten 220 im Jahr 1991 das Werk verließen, erhielten sie rasch das Etikett „Schnellstes Auto der Welt" angehängt. Der XJ 220 Prototyp besaß noch einen riesigen 6,2-Liter-V12 mit 48 Ventilen und Einspritzung, der seine 530 PS an alle vier Räder abgab und das Auto mit dem aktiven Fahrwerk über 320 km/h schnell machte. Die Serienausführung hingegen verzichtete auf einen Großteil dieser Technik und erhielt stattdessen einen Biturbo-V6 mit 3,5 Litern Hubraum, der gleichwohl auf 542 PS kam. Damit erreichte der Wagen die magischen 220 Meilen pro Stunde (354 km/h), galt somit als schnellstes Auto der Welt und erfüllte deswegen eine seiner Hauptvorgaben.

Auch das bedeutete einen Rückgriff auf eine alte Jaguar-Praxis: Man benannte das Modell wieder nach der erzielbaren Höchstgeschwindigkeit in Meilen pro Stunde, wie schon 40 Jahre zuvor den XK 120. Hatten die Ingenieure für den Serien-XJ-S noch eine Auslegung mit Frontmotor bevorzugt und den Mittelmotor verworfen, so kam genau dieses Konzept jetzt beim XJ 220 zum Tragen. Allerdings ging dies auf Kosten des Gepäckraums, was aber angesichts der enormen Fahrleistungen, über die der XJ 220 verfügte, kaum ins Gewicht fiel.

Der XJ 220 war in fünf Metallicfarben verfügbar, Silber, Grau, Grün, Braun und Blau, und verwöhnte innen mit hohem Komfort. Klimaanlage, Lederausstattung und Stereoradio waren mit an Bord, vor allem aber war das Cockpit äußerst luxuriös gestaltet und bequem, ohne dabei das typische Supersportwagen-Feeling zu vernachlässigen. Im Juni 1993 testeten beide führende britische Fachzeitschriften, *Autocar* und *Motor*, erstmals den XJ 220 und bezeichneten die Fahrleistungen des Autos als „erstaunlich".

Der große Test, den der XJ 220 zu bestehen hatte, war aber keine Frage der Fahrleistungen, der Berichte in verschiedenen weltbekannten Autozeitschriften oder der positiven Reaktionen in den Mainstream-Medien. Der ultimative Test war vielmehr eines der regelmäßig stattfindenden Treffen des Jaguar-Clubs in England, wo der XJ 220 den gewöhnlich reifen Mitgliedern der Jaguar-Fanbruderschaft gezeigt wurde.

Keith Helfet war dabei und war mehr als nur ein wenig nervös. „Der Ur-Prototyp stand einige Monate nach dem offiziellen Start des 220 im Coventry Motor Museum, den Blicken all dieser Jaguar-Fans ausgesetzt, der echten Fans, und ich hatte Angst, was sie zum 220 sagen würden. Der Gedanke daran machte mir Angst. Ich konnte sie im Geiste sagen hören: Jaguar ist gestorben, als Sir William die Firma verließ, solche Sachen, und ich rechnete nicht damit, dass sie den 220 gutheißen und billigen würden. Zu meinem großen Erstaunen taten sie das aber und betrachteten ihn als echten Jaguar. Das war in gewisser Weise das größt-

↓ Das Profil des Serien-XJ 220 offenbart eine der gefälligsten und gestrecktesten Formen der Jaguar-Sportwagengeschichte. Der gelungene Entwurf zeigt Elemente des D-Type und weitere traditionelle Jaguar-Stilmittel.

mögliche Kompliment, denn den Beifall dieser Menschen zu erhalten, die sich auskannten und die wussten, was ein Jaguar ist, das war eine große Auszeichnung."

So groß war die Zustimmung zu Jaguars neuem Supersportwagen, dass das Werk 1450 Bestellungen verbuchen konnte, jeweils begleitet von einer Anzahlung in Höhe von £ 50.000. Allein dadurch nahm das Werk umgerechnet über 100 Millionen Euro ein, auch wenn die Zahl der Interessenten die geplante Auflage von 1100 Stück überstieg.

„Das war ein phänomenaler Erfolg. Beim ähnlichen McLaren F1 belief sich die Zahl der ersten Bestellungen auf einige Dutzend, glaube ich, das war gar kein Vergleich. Das ging in den Schlagzeilen unter. Wir konnten es kaum fassen, und es hatte doch noch keiner das Auto auch nur gefahren! Die Leute sagten: Ich will einen haben, um jeden Preis – und drückten uns Blankoschecks in die Hand. Das ist mal ein emotionaler Kauf," merkt Keith Helfet an.

Die Entwicklung des XJ 220 vom Konzept zur Serie nahm knapp sechs Jahre in Anspruch. Keith Helfet: „Für das Tonmodell brauchten wir ein Jahr und drei Jahre bis zum Prototyp von 1988 [der Birmingham Motor Show-Prototyp] und noch einmal zwei Jahre bis zur Serie."

Wie der E-Type sein Konzept und seine Konstruktion vom Rennfahrzeug D-Type geerbt hatte, so beeinflusste der XJ 13 das Design des XJ 220, und die Ahnenreihe dieses Supersportwagens lässt sich bis zum E-Type zurückverfolgen. Der 220 war freilich ursprünglich als Gruppe-B-Rennwagen geplant und seine glatte, aerodynamische Gestalt war für die Rennstrecke perfekt geeignet, während sich die zivile Version bei etwas gutem Willen als in Kleinserie entstandener Über-E-Type betrachten lässt.

Der XK 8 – ein Aufguss des XJ-S?

Nachdem der XJ-S, was keiner erwartet hätte, volle 21 Jahre lang in Produktion geblieben war, hielt das Werk die Zeit für gekommen, dem hauseigenen Sportwagen etwas mehr „Jaguar" mit auf den Weg zu geben. Dieser Satz ist vielleicht ein wenig unfair, denn trotz des schwachen Starts verkaufte sich der XJ-S mit 115.330 Wagen in 21 Jahren besser als jedes andere Sportwagenmodell des Hauses. Man kann aber vorbringen, dass der XJ-S die kurvenreiche Linienführung, die frühere Jaguar-Sportwagen geziert hatte, vermissen ließ und dass es an der Zeit war, dieses Design wieder aufzunehmen.

Unter dem Codenamen X100 entwickelt, baute der XK 8 auf der Technik des XJ-S auf. Leider aber litt das Modell unter einigen seltsamen Wirrungen der Konzernpolitik. Jaguar befand sich mittlerweile im Besitz von Ford; das Design des XK 8 wurde anfangs von Manfred Lampe vom Konzernhauptquartier im amerikanischen Dearborn beeinflusst. Häufig verhält es sich in Großkonzernen so, dass ein neuer Designvorschlag von Ränken und Rankünen im Machtgefüge des Unternehmens begleitet wird, und so war es leider auch beim XK 8. Der Ford-Entwurf fiel bei einigen katastrophalen Publikumsbegutachtungen in den

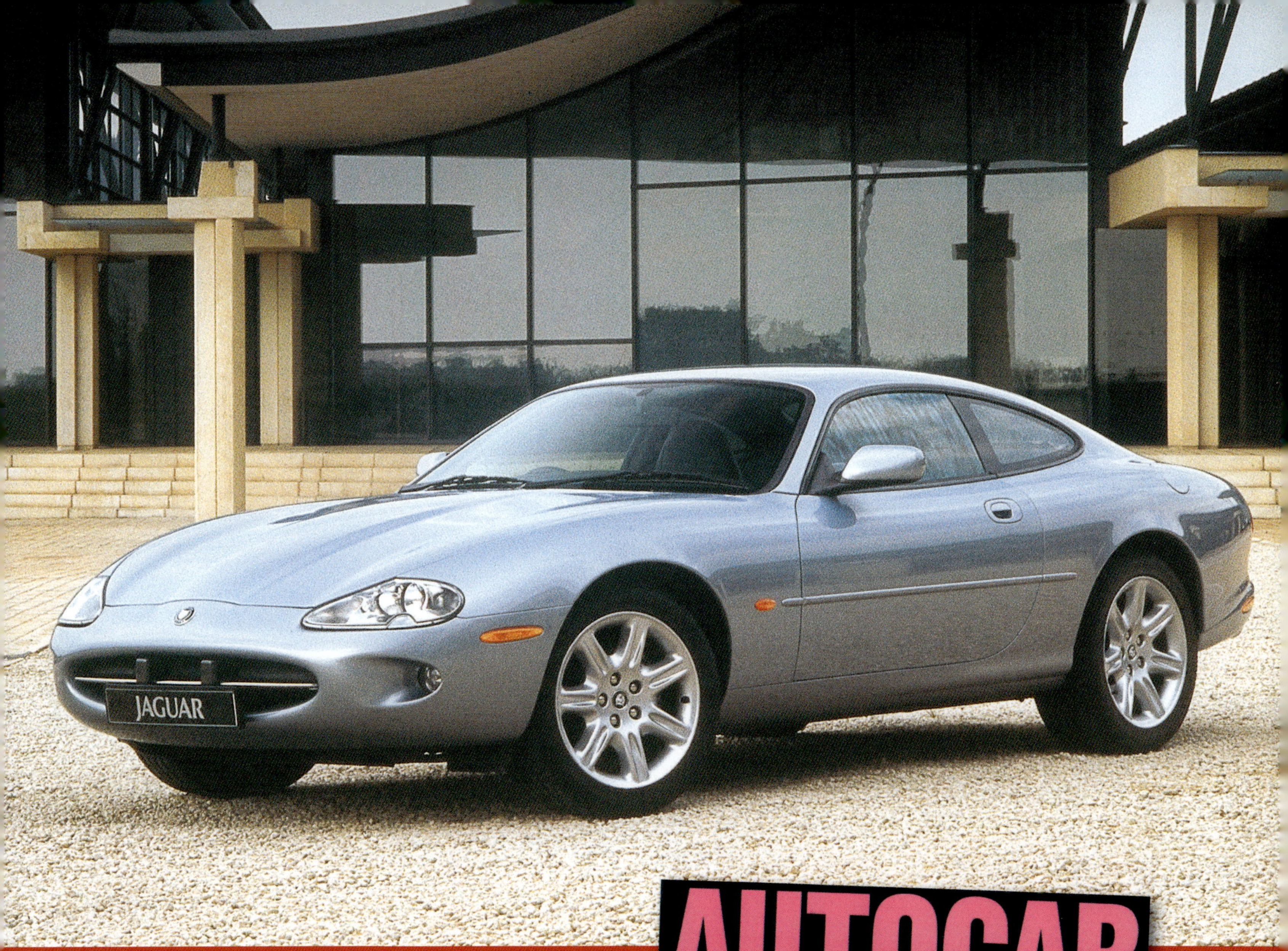

← ↑ **Zwei XK 8, ein Cabriolet und ein Coupé, aus dem Premieren-Jahr 1996.**

USA mit Pauken und Trompeten durch und wurde verworfen, womit der Entwurf von Geoff Lawson und Fergus Pollock von Jaguar übrig blieb.

Um den ganzen unangenehmen internen Streitereien aus dem Weg zu gehen und das Projekt am Leben zu erhalten, bat Lawson Keith Helfet, einen Alternativentwurf anzufertigen, damit die Ford-Designoberen eine Auswahl treffen konnten. Diese Situation verlangte nach Vorsicht, denn Keith Helfets Karriere konnte durchaus Schaden nehmen, wenn sein Entwurf demjenigen von Lawson, seinem Chef, vorgezogen würde. Das geschah auch tatsächlich und Helfet erhielt den Auftrag, seinen Entwurf weiterzuführen.

Obwohl es im Grunde sein Entwurf war, der schließlich in Serie ging, zog sich Helfet gegen Ende der Entwurfsphase elegant aus dem Projekt zurück, da ihm das Karriererisiko zu groß war. Der XK 8 wurde von der neu gegründeten Designabteilung fertiggestellt, und Helfet ist mit dem „großen Maul", das man dem Wagen verpasste, nicht sonderlich glücklich.

Der XK 8 debütierte 1996 auf den Autosalons in Genf und New York und wurde von Presse und Publikum sehr

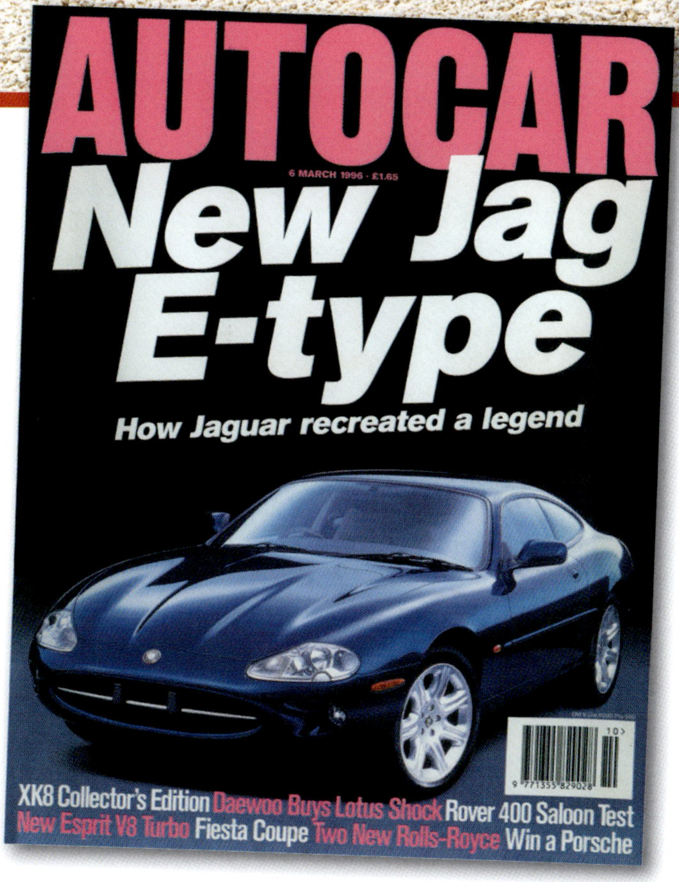

→ **„Der neue E-Type" - *Autocar* Titel zum neuen XK 8 vom 6. März 1996**

↑ **Aufnahme von der südafrikanischen Markteinführung des XK 8, entstanden im St. Johns College in Johannesburg. Im Hintergrund passenderweise ein E-Type Roadster der Serie I½. (1996)**

gut aufgenommen. 60 Prozent der Produktion gingen in die USA, beim Cabrio rechnete man mit einem Gesamtanteil von 70 Prozent. Der XK 8 entwickelte sich zu einem Jaguar-Bestseller, ironischerweise steht er vom Design her aber in einer Ahnenreihe mit dem E-Type, nicht mit seinem direkten Vorläufer XJ-S.

In einer Pressemitteilung vom 2. Oktober 1996 zur Modellvorstellung heißt es: „Ein neues Auto in nur 30 Monaten." Dies habe man durch parallel arbeitende Entwicklungsteams und fortschrittliche Qualitätssicherungsprozesse erreicht, steht da zu lesen; das ist aber nur die halbe Wahrheit. Einer der Hauptgründe dafür, dass man das Auto in nur 30 Monaten serienreif brachte, besteht darin, dass der XK 8 in Wahrheit lediglich ein XJ-S mit neuer Karosserie war. Ausgangspunkt war, wie bei den meisten neuen Modellen der Zeit, der Radstand: „Es war alles schon da; es war im Grunde ein XJ-S. Das Grundgerüst war da, stand fest, wir umgaben die Technik einfach nur mit einer neuen Karosserie – es war ein überarbeiteter XJ-S. Neu war nur die Hülle, aber dennoch wurde das Auto sehr erfolgreich," merkt Keith Helfet zu diesem Thema an.

Die Zahl der Karosseriepaneele sank beim XK 8 verglichen mit dem XJ-S um 30 Prozent, die Verwindungssteifigkeit stieg um 25 Prozent; von den zahllosen Blechen, die für den E-Type auf Gestellen zusammengeschweißt wurden, war man weit entfernt. Neben den strukturellen und technischen Verbesserungen war Jaguar bemüht, sich mit dem neuen Modell gleichsam selbst neu zu erfinden und das durchschnittliche Kundenalter um zehn Jahre zu senken, von den üblichen 55 auf 45 Jahre; man zielte jetzt aber auch auf weibliche Kunden. Der Innenraum wurde serienmäßig in einer sportlich orientierten Ausführung angeboten, gegen Aufpreis war auch ein Jaguar-typisches „Classic"-Interieur zu haben. Die schlichter gehaltene Sport-Ausführung des Cockpits sollte jüngere Kunden ansprechen, das aufpreispflichtige Classic-Interieur hingegen den älteren und mehr der Tradition verhafteten Käufer. In früherer Zeit wäre gewiss der Classic-Look Serie gewesen, jetzt aber bemühte sich Jaguar ernsthaft um jüngere Käuferkreise.

In der Pressemappe des Werks wurde das Sport-Interieur, das den Appeal des XK 8 auf eine breitere Basis

↑ Interieur des XK 8 in „Sport"-Ausführung (2003)

↓ In der Ansicht von schräg vorne zeigt der XK 8 seine Abstammung vom E-Type am deutlichsten. (2003).

stellen sollte, wie folgt beschrieben. „Die dunkleren Töne der serienmäßigen Sport-Ausstattung spiegeln den zeitgenössischen Geschmack in Mode, Kunst und Möbeldesign wider und verleihen dem Innenraum ein funktionelleres, aktuelles Aussehen. Die auf Wunsch lieferbare Classic-Ausstattung mit Walnussholz, Leder und eleganter farblicher Abstimmung entspricht der traditionellen Jaguar-Atmosphäre."

Im Kofferraum ließen sich nun zwei Golftaschen unterbringen, was unterstrich, dass der XK 8 ein Auto für Ihn und für Sie war, während das Werk bislang auf den sportlichen Mann gezielt hatte, der sich im Alleingang sportlichen Aktivitäten widmet oder eine schnelle Überlandtour mit dem Wagen hinlegt. Der XK 8 war ein schneller, üppig ausgestatteter, sportlicher Zweitürer mit sehr kultivierten Manieren und den Komfortmerkmalen einer Limousine, wozu elektrisch verstellbare Sitze, elektrische Fensterheber, Klimaanlage, elektronische Fahrhilfen und Handyvorbereitung zählten.

Umfangreiche Marktforschungen hatten enthüllt, dass der weltweite Luxussportwagensektor, dem der XK 8 angehörte, 1995 rund 55.000 Autos weltweit ausmachen würde, wovon die Amerikaner knapp die Hälfte kaufen würden. Deutschland stellte ein Viertel, Großbritannien acht und Japan sechs Prozent.

Dem Antrieb des XK 8 diente ein Jaguar-Motor der insgesamt erst dritten Generation; dem alten Stoßstangenmotor der Vorkriegszeit war der von Claude Bailey

↑ Auch mit geschlossenem Verdeck weiß das XK 8 Cabriolet des Jahrgangs 2003 zu gefallen.

↑ **Im Hintergrund hinter dem XKR, auf dem er aufbaute, der XK 180, den Keith Helfet für den Pariser Salon 1988 entwarf. Dieser Prototyp feierte 50 Jahre XK 120, dessen Vorstellung auf der Earls Court Motor Show 1948 stattgefunden hatte.**

konzipierte XK gefolgt, der Jaguar die Siege in Le Mans bescherte, und nun ging der neue AJ-V8 in den XK 8. Diese ehrbare Ahnenreihe war vielen modernen Kunden aber ziemlich egal; das Werk identifizierte zwei unterschiedliche Kundenkreise, die mit dem Kauf eines XK 8 zögerten, die man aber für sich gewinnen musste, um den Sportwagen in genügender Anzahl unters Volk bringen zu können. Einmal waren dies die „Vernunft-Ablehner", die den XK 8 rational in Betracht gezogen, sich aber am Ende für das Modell eines Konkurrenten entschieden hatten. Die zweite Gruppe stellten die „Image-Ablehner" dar, die sich aus potenziellen Kunden rekrutierten, denen das Image des XJ-S zu altmodisch war. Zwar wurde der XJ-S im Laufe seines Lebens deutlich modernisiert und verbessert, diese imagebewussten Käufer gewannen aber den Eindruck, dass die lange Produktionszeit des XJ-S ihren Anforderungen nicht genüge.

Die technischen Neuerungen des XK 8 wirkten dem leicht angestaubten Image, das sich Jaguar unlängst erworben hatte, erfolgreich entgegen, den Rest erledigte die Rückkehr zu einem gefälligeren, rundlicheren und erotischeren Design nach Art des E-Type.

XK 180 – ein Jaguar mit Dekolleté!

„Beim 180 ging es ganz schnell, er war nur ein modifizierter XK 8, ein verkürzter XK 8", erinnert sich Keith Helfet.

Anlass für die Kreation des XK-180-Konzeptroadsters, der in der Sonderfahrzeugabteilung in der Browns Lane von Hand gebaut wurde, war der 50. Geburtstag der Jaguar XK Sportwagen. Der auf der Londoner Earls Court Motor Show 1948 eingeführte XK 120 besaß anfangs eine Aluminiumkarosserie und sollte nur in kleiner Auflage entstehen. Auch die Karosserie des XK 180 wurde bei Abbey Panels aus Aluminium hergestellt; dieses Unternehmen hatte schon die Karosseriepaneele von C-Type, D-Type, XJ 13 und XJ 220 hergestellt, daher erschien es nur angemessen, dort auch den XK 180 in Auftrag zu geben.

Das Entwicklungsteam bekam eine Frist von nur zehn Monaten, um bis zum Pariser Salon im September 1998, exakt 50 Jahre nach der Premiere des XK 120, ein aufsehenerregendes Show Car fertigzustellen. Da dies ein wichtiges Jubiläum war, sollte der XK 180 ein ganz besonderes Auto werden. Mit einer gegenüber dem XKR um 345 mm verkürzten Außenlänge war der XK 180 mehr als nur eine simple Variation seiner Ausgangsbasis. Der Radstand wurde um 127 mm reduziert, wodurch der XK 180 zum reinen Zweisitzer geriet und Änderungen am Fahrwerk nötig wurden, da man gleichzeitig die Motorleistung steigerte. Aus der sonst 370 PS starken Kompressorvariante des AJ-V8 zauberten die Ingenieure satte 450 PS.

Um eine markante Form mit hohem Wiedererkennungswert zu formen, modelte Helfet die Karosserie des XK 8/XKR um und versah sie mit Designzitaten, die auf die historischen Rennfahrzeuge des Hauses verwiesen. Die kürzere, rundere Nase und die Höcker hinter dem Cockpit zitierten etwa den D-Type, und auch das Interieur, das in vier Wochen entworfen wurde, erinnert in seiner Machart an die alten Rennfahrzeuge und folgte Helfets gewähltem Thema von „Metall oder Leder".

Designer müssen häufig nach Inspirationsquellen suchen; Faktoren, die ein Design beeinflussen können, sind Mode, Natur und Artefakte wie Gebäude, Flugzeuge, Möbelstücke oder auch andere Autoentwürfe. Diese Beeinflussung vollzieht sich eher unbewusst als bewusst, wie Helfet erläutert: „Ich versuche, mich nicht beeinflussen zu lassen. Ich versuche, von Grundprinzipien auszugehen und es auf meine eigene Art zu machen, weil ich versuche, meine Sachen anders zu gestalten als die anderen. Ich bin gern anders, ich bin gern ungewöhnlich."

Die Mode ist ständigem Wechsel unterworfen, und wenn man sich an zeitgenössisches Design und aktuelle Einflüsse hält, kann man Kommentare hören wie: „Ach, der kopiert nur den und den." Noch einmal Helfet: „Ich habe schon ziemlich bizarre Sachen gemacht wie das Dekolletè in der Windschutzscheibe des XK 180; das hat es, soweit ich weiß, weder vorher noch nachher kein zweites Mal gegeben."

Als Helfet die Idee zur Scheibe seinen Oberen schmackhaft machen wollte, zeigte sich sein Chef Geoff Lawson wenig überzeugt. „Geoff flippte fast aus. Er rief: Das kann nicht Dein Ernst sein! Ich sagte: Warum nicht, und er: Was ist mit den Scheibenwischern? Ich antwortete: Mit einem Einzelwischer kein Problem! Er war sehr nervös. Ich meinte: Sei stark, Geoff, es ist doch nur ein Show Car," denkt Helfet amüsiert zurück.

Die Dekolleté-Form der Windschutzscheibe des XK 180, die vom Werk diplomatisch als „Double Bubble" bezeichnet wurde, sorgte für einiges Staunen. Laut Helfet folgt hier die Form der Funktion, was hier eine gewisse Berechtigung hat, denn jeder der beiden Insassen bekommt quasi seine eigene Scheibe. Technisch gesehen ist die Scheibe in der Mitte flacher als außen, was möglicherweise den Luftwiderstand senkt und damit die Aerodynamik verbessert; faktisch stellte die dekolletierte Scheibe Helfets Interpretation einer schönen Form aus der Natur dar, nämlich des

← Vorne die Studie XK 180, dahinter der Jaguar D-Type. Die Finne hinter dem Fahrer inspirierte die beiden Höcker hinter dem Cockpit des XK 180, die Helfet geschickt in die Gesamtform der Studie integrierte.

← Dass der XK 180 vom XK 8 abstammt, kann man durchaus erkennen, neu war aber die „Double Bubble" Windschutzscheibe. Diese Aufnahme entstand während Erprobungen auf der Rennstrecke von Silverstone.

weiblichen Körpers. Die Form findet in den Höckern hinter dem Cockpit ihre Fortsetzung: „Das hat Logik, daher sieht es nicht einfach nur bizarr aus", so Helfet.

Der 180 wurde in nur sieben Wochen entworfen und war ein Beispiel dafür, was man erreichen kann, wenn man einem Querdenker beim Design freie Hand lässt. „Geoff sah das Auto, glaube ich, zwei Mal", sagt Helfet und fügt hinzu: „Ich versuche, nicht der Mode nachzulaufen und andere zu kopieren, das ist für mich der Spaß; nur so macht es Spaß."

Zwar war der XK 180 ein reines Ausstellungsstück, er hatte aber einen Nachfolger, der um ein Haar in Serie gegangen wäre. Wolfgang Reitzle, damals Chef von Fords Premier Automotive Group, konnte den 180 in Goodwood einigen seiner Freunde von BMW zeigen: „Ich glaube, das

↑ **Keith Helfet bespricht mit einem Modelleur Aspekte der F-Type-Front im Jaguar-Designstudio.**

← **Die eingeschnittene Windschutzscheibe fand ihre Fortsetzung in den beiden Höckern hinter den Insassen, die der Finne des D-Type von 1954 entsprachen. Ein formschöner Spoiler ziert den Wagenabschluss.**

brachte ihn zu der Ansicht, ein weiteres Modell zu konzipieren, für die Serie", meint Keith Helfet.

F-Type (2000)

Einmal mehr wandte sich Geoff Lawson an Helfet und unterbreitete ihm Reitzles Idee. Helfet hatte absolut freie Hand in allen Aspekten des neuen Konzeptes. „Ich konnte entscheiden, das war die Vorgabe. Ich konnte den Motor platzieren, wo ich wollte, es gab keine Beschränkungen. Keiner machte mir irgendwelche Vorschriften. Ich war mein eigener Chef," erzählt Helfet.

Helfet hatte acht Monate Zeit für das Projekt, der Entwurf stand aber schon nach acht Wochen. Leider verstarb in der zweiten Woche Geoff Lawson völlig unerwartet, womit Helfet seines Vorgesetzten beraubt wurde und er ohne Aufsicht arbeiten konnte, eine sehr ungewöhnliche Situation in der Designbranche, insbesondere in einem multinationalen Konzern. Ian Callum wurde Lawsons Nachfolger als Jaguar-Designchef, es war aber J. Mays, der Ford-Designdirektor, der Helfets Arbeit am F-Type absegnete. „J. Mays von Ford kam gelegentlich vorbei, aber er gab mir keine Anweisungen", so Helfet. Vom Konzept her war der F-Type eine kleinere Serienversion der Studie XK 180, die selbst wiederum als verkleinerte Variante des XK 8/XKR entstanden war. Der F-Type sollte den kleinen Bruder des XK 8 abgeben, so wie der Porsche Boxster die teurere 911-Reihe nach unten hin ergänzte. Der preiswertere Boxster verkörperte alle Kernwerte der Marke, war aber auch für diejenigen erschwinglich, denen der 911 zu teuer war. Der F-Type sollte Helfet zufolge ein schlichter Sportwagen althergebrachter Prägung werden und hätte Jaguar zum weltweit anerkannten Sportwagenbauer machen können, wie es 40 Jahre zuvor dem E-Type gelungen war. Es sollte kein Gran Turismo sein, kein Wischi-Waschi-Modell, wie Helfet erläutert: „Das war das Auto, das ich wollte, ein Auto für Sportwagenfans, das dem Fahrer ein Lächeln entlockt; kein Poseur." Nicht, dass der F-Type dem Image des Fahrers Schaden zugefügt hätte, wenn er in ihm posierte, das war aber nicht der Zweck der Übung.

Ausgangspunkt für den F-Type oder X600, wie er intern hieß, waren sowohl der XK 180 als auch der XK 8, aber

← **Das F-Type-Konzept erbte einige Styling- und Design-Elemente des E-Type Roadsters , wie die muskulösen Radläufe und die verführerische Heckpartie. Bei der Gestaltung des Armaturenbretts diente die Tragflächenform der legendären Spitfire als Vorbild und verdeutlicht Helfets Anweisung, wonach das Design einfach, funktional und modern zu sein hatte.**

nur insofern, als diese das Grundthema für das neue Projekt abgaben. Wie der Boxster unterhalb des 911 in das Porsche-Modellprogramm passte, so sollte auch der F-Type den XK 8 ergänzen, ohne ihm Kunden wegzunehmen. Aus diesem Grund wählte Helfet für den F-Type den Radstand des Porsche Boxster, womit er deutlich kleiner als der XK 8 und zum reinen Zweisitzer geriet. Mit einem solchen Auto hätte Jaguar direkt mit dem Boxster um den lukrativen Markt der kleinen, preiswerten Sportwagen gebuhlt.

„Ursprünglich gab ich dem Projekt den Namen Roadster, schlicht und einfach, ein komplett neues Auto, von dem ich glaubte, wir könnten damit gegen den Boxster antreten", unterstreicht Helfet. Das Erbe des C-Type und seiner Nachfolger lässt sich eindeutig an der Nase und der Gestalt des Lufteinlasses ausmachen, während die ovalen Scheinwerfer an die des frühen E-Type erinnern. Die Form der vorderen Zusatzscheinwerfer wird durch die Heckleuchten wieder aufgenommen, ein schlichtes Design, wie es der Vorgabe entsprach. Das vom XK 8 abgeleitete Armaturenbrett folgte dem klassischen „Spitfire"-Flügelprofil, war im F-Type aber wesentlich schnittiger ausgeführt.

Das Heck des neuen Modells war ganz anders gestaltet als beim XK 180 und besaß kleine Flossen, die die Linie der Seitenfenster aufnahmen und nach hinten verlängerten. Der Heckabschluss war knapp geschnitten und sauber gezeichnet, zugleich aber kraftvoll. All das verlieh dem Auto den geduckten, agilen Auftritt, den man von den alten Jaguar-Sportwagen her so gut kannte. Die Insassen waren knapp vor der Hinterachse untergebracht, der Motor konnte folglich weiter nach hinten rücken und die ideale Gewichtsverteilung von 50:50 realisiert werden, und mit seiner relativ langen Motorhaube konnte der F-Type mit den klassischen Sportwagenproportionen aufwarten, auf die allenthalben so großer Wert gelegt wurde.

„Auf das Heck bin ich sehr stolz; es hat viel vom E-Type. Vielleicht ist es etwas muskulöser als beim E-Type, weil es recht kraftvoll ist, aber es ist stark strukturiert," erklärt Helfet.

Wie Sir William Lyons den E-Type der Serie 3 durch den Gran Turismo XJ-S ersetzte, weil sich der Sportwagenmarkt gewandelt hatte, so änderte sich auch der Markt zu Beginn des dritten Jahrtausends. Da sich die Fahrzeugsicherheit in der jüngsten Vergangenheit stark erhöht hatte, standen das Cabriolet und der offene Sportwagen nun wieder in voller Blüte, und ein jugendlicher Jaguar F-Type wäre genau das richtige Auto gewesen, sich dies zunutze zu machen. Ein Boxster kostete damals um die 40.000 Euro, und in dieser Region wollte auch Helfet den F-Type am Markt platzieren.

Das Auto war um vorhandene Komponenten herum konzipiert und sollte den 240 PS starken AJ-V6 aus dem S-Type erhalten, später vielleicht auch eine Kompressorversion des Triebwerks mit 300 PS. Das ließ das Projekt sehr realistisch erscheinen; abgesehen von Windschutzscheibe und Seitenfenstern, die laut Helfet „etwas über-

↓ **Die von Keith Helfet stammende Studie F-Type aus dem Jahr 2000 zählte zu den verführerischsten Formen, die seit langem aus dem Jaguar-Design-studio gekommen waren.**

trieben" waren, wirkte das Auto durchaus schon serientauglich. Sämtliche Designchefs waren mit dem Entwurf zufrieden, die Aussichten waren rosig und der F-Type wurde 2000 auf der North American International Auto Show in Detroit präsentiert. Die Planung war bereits so weit fortgeschritten, dass der Wagen im Messeprospekt beworben wurde und Jaguar darauf hinwies, dass man sich preislich am Porsche Boxster orientieren werde und sogar Fahrleistungen zitierte.

„Die F-Type-Studie ist ein deutliches Signal für Jaguars Absicht, auf den Markt der echten Sportwagen zurückzukehren, auf dem wir in den 50er und 60er Jahren so erfolgreich waren," meinte Jaguar-Direktor Jonathan Browning, als der F-Type am 11. Januar 2000 enthüllt wurde.

Dem Pressetext zufolge wollte Helfet dem neuen Wagen zu einer eigenständigen Persönlichkeit verhelfen. „Der Jaguar-Stil ist eine Sache des Instinktes", sagte er, „das stilistische Erbe ist eine Inspiration, mehr aber auch nicht."

Am 4. Januar 2001 publizierte das Werk eine zweite F-Type-Pressemappe unter der Überschrift „The Art of Performance". Auch hier machte das Werk klar, dass diese kleine Schönheit Jaguar erneut in den Sportwagen-Olymp katapultieren werde. Es wurde groß verkündet: „Grünes Licht für den Jaguar F-Type!", und auf der Los Angeles International Auto Show 2001 verkündete Jaguar-Chef Dr. Wolfgang Reitzle, dass der F-Type innerhalb von drei Jahren auf den Markt kommen werde.

↓ Ian Callums Versuch, den F-Type umzumodeln, nachdem der erste Entwurf bereits weitgehende Unterstützung in- und außerhalb des Werks gewonnen hatte, fiel sehr viel eckiger aus.

Dieser Pressemappe beigefügt waren Alternativentwürfe aus der Hand des neuen Jaguar-Designchefs Ian Callum, die schwerer und wuchtiger ausfielen als Helfets F-Type, der bereits beim Management große Zustimmung genoss. Callums Entwurf gelangte bis zum Stadium des 1:1-Modells, doch die Pressemappe, mit der dieser geänderte Entwurf bekannt wurde, stiftete erhebliche Verwirrung und das ganze Projekt begann auseinanderzufallen; viele Vorbestellungen wurden storniert. Eine Woche, nachdem der neue Jaguar-Chef Nick Scheele den jüngeren Entwurf gesehen hatte, wurde das Projekt F-Type eingestellt.

Wenn es je ein Auto gab, das Jaguar einen Vorsprung vor der Konkurrenz hätte sichern können, dann wäre dies Helfets ursprünglicher F-Type gewesen. Der Autor neigt, wie im Übrigen auch zahlreiche Jaguar-Fans in aller Welt, der Ansicht zu, dass die Stornierung des F-Type eine der teuersten Fehlentscheidungen der Jaguar-Geschichte war und wohl auf sehr lange Zeit die größte Gelegenheit sein wird, die das Werk zu verpassen sich erlaubte.

Wie Keith Helfet in einem Interview erläuterte, bestand einer der Hauptfaktoren für die breite Zustimmung, die sein Projekt fand, darin, dass er völlig freie Hand hatte und nach Gutdünken konzipieren konnte, wonach seiner Ansicht nach der Sportwagenmarkt verlangte, ein Auto, das er sich selber kaufen würde. Das, und nicht ein Design-Komitee, verlieh dem F-Type seinen ausgeprägten Charakter und seine Identität – er war das Werk eines einzelnen Designers.

Auf die Frage, was er zur Einstellung des F-Type sage, antwortete er: „Natürlich war ich verärgert und enttäuscht, denn zum einen legt man ja sein ganzes Herz in diese Entwürfe, zum anderen gab es dafür beim F-Type einen speziellen Grund. Ich wollte einen haben. Es ärgerte mich maßlos, dass ich keinen kaufen konnte. Das war mein Traumauto. Meines und leider auch das von vielen anderen." ■

↑ Der kompakte und schlichte F-Type in seiner Urversion aus dem Jahr 2000 hätte gewiss Konkurrenten wie Porsche Boxster, BMW Z3 usw. zahlreiche Kunden weggeschnappt und zugleich vielen Interessenten den Zugang zur Marke Jaguar geebnet.

JAGUAR

schen und einem Sportwagen weiterdenken, könnte man erwarten, dass auch die Karosserie des Autos eine ähnlich muskulöse Gestalt aufweisen müsste, die Tempo, Stärke und Kraft repräsentiert. Das Design- und Stylingthema „Muskeln und Schultern" ist in der Tat für einen Designer auch wichtig, der bei einem Sportwagen einen solchen Look erzielen will.

Ian Callum erläutert dieses Konzept: „Die Analogie zum Menschen ist groß. Wenn man ein Auto auf diese Art entwirft, mit großen Rädern, die auf dem Boden kauern und darüber ein Dach, das schmaler ist, dann erhält man diesen Eindruck von muskelbepackter Kraft, und das ist der Hauptfaktor. Der Mensch fühlt sich von Selbstsicherheit und Kraft angezogen, er will sich selbst so sehen, und daher drückt er das aus durch den Kauf."

Was aber ist der Unterschied zwischen Styling und Design? Design ist, die visuelle Architektur des Wagens zu verstehen und die Grundstruktur zu schaffen, die dann mit der Technik versehen wird, um das zu ergeben, was der Designer sich vorgestellt hat. Ian Callum sagt: „Wir schaffen die Architektur, wir schaffen den Auftritt des Wagens, und es ist die Balance dieser Komponenten, die das Ganze funktionieren lässt und die etwas entstehen lässt, das ästhetisch ist; darum geht es beim Design."

Im Falle des Autos dient das Styling hingegen dazu, „die Punkte miteinander zu verbinden," wie Callum es ausdrückt. Von fixen Parametern wie der Dachlinie, den Rädern, der Motorhaube und den äußeren Abmessungen ausgehend kann man innerhalb der Gegebenheiten einen Stil kreieren. Callum: „Als Stilist hat man keinen Einfluss auf die grundlegende Struktur oder Architektur des Wagens und darauf, wie er dasteht und wie sich die Beziehung zu seiner Umwelt gestaltet. Man hat nur Zierrat geschaffen, und das ist für mich Styling." ■

← **Schon optisch verrät der XKR seine ganze Potenz; hier bei der Premiere im Juni 2006 auf der Londoner ExCel.**

„Designern geht es mehr darum, eine Gesamtheit als Summe ihrer Teile zu erschaffen, nicht darum, nur die Punkte miteinander zu verbinden."

Ian Callum – Director of Design, Jaguar Cars

JAGUAR

Die Zukunft

„In der alten Zeit kaufte man sich einen Sportwagen, weil man schneller ans Ziel kommen wollte, das war der Sinn und Zweck."

Julian Thomson - Chefdesigner, Abteilung Vorausdesign, Jaguar Cars

↑ **Der Tafelberg gibt den eindrucksvollen Hintergrund für den gleichfalls eindrucksvollen XK ab; aufgenommen bei der Pressevorstellung in Kapstadt im Januar 2006.**

Die Zukunft der Jaguar-Sportwagen

„Als Jaguars angesehener Aerodynamiker Malcolm Sayer den E-Type schuf, meißelte er seine Form nicht heraus, sondern ließ sie ausschließlich nach geometrischen Methoden entstehen – es handelt sich um eine Reihe von Ellipsen." Das sagt Giles Taylor, hochrangiger Jaguar-Designmanager. „Indem er den E-Type auf diese Weise entwarf, verlieh er ihm eine technische Reinheit, die wir diesem Auto (dem XK von 2006) ins Gesicht schreiben wollten. Der Grill musste daher von perfekter Symmetrie sein, sowohl in der Waagerechten wie in der Senkrechten, und damit schufen wir einen Mittelpunkt, von dem aus alle Linien nach hinten fließen können."

Zahllose Kunden, Bewunderer, Fans und Betrachter haben im Laufe der Jahre die Reinheit der Linienführung des E-Type gelobt, man muss aber daran denken, dass das Auto unter Bedingungen konzipiert und hergestellt wurde, die sich nicht wiederholen lassen. Gewisse Marktumstände, die damals vorherrschten, wird es nie wieder geben – die technischen Fortschritte der Nachkriegszeit ließen die Menschen große Träume träumen, heute aber soll alles sofort geschehen. Der heutige Kunde ist sehr viel kritischer, wenn etwas nicht perfekt ist, in den 60er Jahren genügte es, wenn es britisch war.

Jaguar meint, man habe „zu lange Retro" betrieben und laut Jaguar-Designchef Ian Callum repräsentiert der neue XK die Zukunft des Werks. „Attitüde" ist ein Wort, das Callum häufig benutzt, und er ist bestrebt, diesen Wesenszug künftigen Jaguar-Autos mit auf den Weg zu geben. Gewiss hat sich Jaguar zu lange auf den Lorbeeren der eigenen Vergangenheit ausgeruht, und die Sportwagenreihe braucht dringend eine neue Richtung und Designidentität, wie man sie dem XK 120 und E-Type seinerzeit verlieh. Diese revolutionären Modelle übernahmen von ihren Vorgängern rein gar nichts, da Sir William Lyons immer daran gelegen war, das Image eines aktuellen Modells zu erneuern. Nach hinten zu blicken und sich am Entwurf eines älteren Modells zu bedienen war tabu; die Designer der Zeit dachten voraus und waren an Retro-Design nicht interessiert – darauf hätte man sogar verachtungsvoll hinabgeblickt. Heute herrscht die Tendenz vor, neue Modelle ins Rampenlicht zu stellen, indem man sie an einer steigenden Zahl von Designkonkurrenzen in aller Welt teilnehmen lässt und hofft, dass der Gewinn solcher Preise den Absatz fördert. Leider wissen viele Kunden mit diesen Auszeichnungen nichts anzufangen, weil sie ihre Bedeutung oder Relevanz nicht einzuschätzen vermögen, was darauf hindeutet, dass es sich um Ehrungen zum Selbstzweck der Designer und Hersteller handelt. Diese Bestrebungen gehen aber ohnehin am Ziel vorbei, denn der Kunde ist letztlich der beste Juror in Sachen Design; er muss das Geld für ein Auto ausgeben, das ihm zusagt.

Studiert man den heutigen Markt, dann findet man in fast allen Segmenten der Branche viele einander ähnelnde Autos vor. Man könnte vernünftigerweise davon ausgehen, dass dies in erster Linie an den gesetzlichen Vorschriften liegt. Doch Jim Randle erklärt: „Nicht nur; es liegt an der Angst. Man will sich nicht allzu weit in Neuland vorwagen, weil man Angst hat, danebenzuliegen."

Randle weiter: „Es liegt an fehlendem Selbstvertrauen. Der „Alte Knabe" (Sir William Lyons) ging da ganz anders vor. Jedes Auto sah anders aus. Sein Motto war: Wie kommen wir vorwärts? Wenn man sich den jüngsten XK anschaut, dann sieht er aus wie der Vorgänger, weil sie sich nicht getraut haben."

Fairerweise muss man sagen, dass es heutzutage auch am Packaging liegt. „Die Autos damals wurden designt und dann erst mit ihrer Technik versehen, weil der „Alte Knabe" hinter allem stand. Das machte einen Jaguar zu dem, was er war. Er sah einfach so hinreißend aus, weil wir Kompromisse schlossen, weil das zum Charakter eines Jaguar gehörte. Unter Ford aber hatten sie so ein „18-Panel-Chart", wo man in allen Bereichen mindestens so gut sein musste wie der Klassenbeste. Dabei kommt dann ein sehr gutes Auto ohne jeden Charakter heraus; wenn die Karriere (der Designer) wichtiger ist als das Produkt; das ist durchaus passiert", erzählt Randle.

Keith Helfet meint dazu: „Ich sähe gerne, dass Jaguar erfolgreich ist, aber sie haben beim Design den Vorsprung vor der Konkurrenz eingebüßt." Die Unterschiede zwischen XK 150 und E-Type waren im Jahr 1961 derart prägnant, dass die Autos von zwei ganz verschiedenen Herstellern hätten stammen können. Die heutigen Jaguar-Designer sehen sich bei ihrem Versuch, diese innovative Qualität wiederzuerlangen,

↑ Der E-Type will gefahren werden – dies ist ein Roadster der Serie I½ in den baumreichen nördlichen Vororten von Kapstadt.

← Ein prächtiger E-Type-Roadster der Serie I beim Prescott-Bergrennen des Jaguar Drivers Club.

mit dem Problem konfrontiert, ihre modernen Kreationen mit dem E-Type-Funken zu inspirieren.

Julian Thomson sagt dazu: „Man schaut sich diese historischen Werte an und schreibt Dinge nieder wie zum Beispiel: Die Autos waren voller Glamour, sie besaßen eine reine Form, sie waren ausgezeichnet proportioniert, sie waren rassig und sie waren sehr einzigartig – und das ist schon fast das Lastenheft, das man den Designern gibt. Man sagt ihnen nicht: Macht einen neuen E-Type."

Die heutigen Jaguar-Designer müssen analysieren, was den E-Type 1961 für Käufer interessant machte und interpretieren, was an diesen Emotionen wichtig war. „So sieht der Auftrag aus. Wirklich schwierig zu bestimmen ist der „Schock-Faktor", den das Auto hatte. Wenn man sieht, wie viele verschiedene Autos es heute auf dem Markt gibt und wie unterschiedlich sie sind, dann wird es ziemlich schwierig, diese Art Schock hervorzurufen, wie es der E-Type tat, der noch dazu ästhetisch gefällig war und niemandem wehtat," so Thomson. „Ich will ein Auto, das, wenn man den Schleier auf dem Genfer Salon lüftet, ebenso gut ist wie damals der E-Type. Das ist im Grunde der Auftrag. Ob man das schafft, ist eine andere Frage, aber dahin will man kommen."

Auf dem globalen Markt muss ein Premiumauto sich von den Konkurrenten abheben; ein Jaguar muss als typisch britisch empfunden werden, genauer gesagt, als typisch Jaguar. In den Tagen von XK und E-Type war das kein Problem, da Sir William Lyons tat, was er für das Beste hielt, und das war oft genug etwas ganz Anderes als in den Augen der Konkurrenz. In den 50er und 60er Jahren galt Großbritannien als weltweite Heimstätte des Sportwagens, aber selbst auf dem britischen Markt ließen sich sämtliche Typen problemlos voneinander unterscheiden, da man sich bemühte, Ähnlichkeiten im Design zu vermeiden. Die Kontrolle über das Design liegt heute nicht mehr in den Händen des einzelnen Designers, daher weisen die Autos eine größere Ähnlichkeit auf; das Aussehen mancher Modelle kann man schon vor ihrer Einführung erahnen.

Um die markant-innovative Jaguar-Linie zu bewahren, versuchte man, die Emotionen der Sportwagenkäufer der 60er Jahre zu analysieren und die Ergebnisse ins Lastenheft heutiger Sportwagenanforderungen zu schreiben. Ein Teil dieser Markantheit liegt im Fall von Jaguar darin, dass man britisch ist, doch die typisch britischen Qualitäten, die in den 60er Jahren als solche galten, haben sich verändert, und Jaguar muss mit dem Schritt halten, was die Zielmärkte heute als „britisch" empfinden. Im Zeitalter der Eleganz waren das Holz und Leder; der heutige Kunde interessiert sich mehr für den Kohlefaserlook und für Titan als für die traditionellen, natürlichen Materialien. Es wäre daher falsch, alle Autos im klassischen British Racing Green zu lackieren und sie innen mit der althergebrachten Clubatmosphäre zu versehen, gleichwohl ist es grundlegend wichtig, die Jaguar-Kernwerte behutsam weiterzuentwickeln. Das äußere Erscheinungsbild eines britischen Wagens sollte emotional sein, aber auch einen gewissen Charme entfalten;

→ **Drei Generationen von Jaguar-Sportwagen – im Vordergrund ein XK 140, dahinter ein E-Type Serie I und ein C-Type.**

laut Thomson muss Jaguar aber daran arbeiten, „die Werte zu modernisieren, nicht das Design".

Jüngst von Jaguar durchgeführte Marktforschungen haben gezeigt, dass manche Kunden, etwa Umweltschützer und Vegetarier, auf eine Lederausstattung keinen Wert legen, weil die Häute von Tieren stammen, die geschlachtet wurden. Galten Lederpolster bislang als das Nonplusultra, müssen etliche Hersteller sich jetzt darum Gedanken machen, weil traditionelle Ausstattungsdetails heute vom Markt kritisch betrachtet werden. Das liegt nicht am Preis, sondern an dem Marktdruck, der von manchen Gruppen ausgeübt wird, die sich bei der Kaufentscheidung von gewissen Prinzipien leiten lassen. Das war in den 1950er und 60er Jahren gewiss noch anders, als Leder grundsätzlich als edelstes Material galt und das Gewissen des Einzelnen dabei stumm blieb.

Diese Mischung in einem neuen Sportwagen zu verwirklichen und dabei der Jaguar-Historie treu zu bleiben, ist ohne Zweifel ein Balanceakt. Verabsäumt man dies, läuft man Gefahr, seinen Marketingvorteil zu verlieren und sich auf gleicher Höhe mit weniger renommierten Konkurrenten wiederzufinden.

Es ist dieser emotionale Ansatz, der Jaguar-Sportwagen von anderen Produkten unterscheidet; Julian Thomson: „Die Frage ist, wie viel Wert man bei einem Auto auf den geschichtlichen Aspekt legt. In welchem Grad will man ein modernes Auto machen, in welchem Grad will man ein historisierendes Auto machen und wie sehr spielt man mit diesen Faktoren herum? Und dann, wie kommuniziert man das tatsächlich dem Menschen, der das Auto kauft?"

In den sechziger Jahren gaben sich die Hersteller alle Mühe, ihre Produkte von denen anderer Hersteller abzusetzen. Die Erzrivalen Aston Martin und Jaguar machten sich auf den Rennstrecken und in den Schauräumen der Händler Konkurrenz, lagen aber preislich weit auseinander, und Komponenten oder Design miteinander zu teilen, wäre völlig undenkbar gewesen. Später gehörten Aston Martin und Jaguar bis Anfang 2007 demselben Konzern an, und während der Preisabstand noch immer groß war, verringerte er sich doch in der Ford-Ära. Möglich wurde das durch gemeinsam genutzte Komponenten, Materialien, Prozesse und selbst durch gemeinsam betriebene Marktforschung.

↑ Die zeitlosen Linien des E-Type Serie I. Die Aufnahme mit Fans, die im Hintergrund eine Pause einlegen, hätte auch aus den sechziger Jahren stammen können; tatsächlich entstand sie 2006 beim Prescott-Bergrennen des JDC.

↑ Bilder, heißt es, sagen mehr als tausend Worte, und das stimmt: Augenfälliger lassen sich die Unterschiede zwischen dem XJ 220 von 1990 und dem XK 120 aus dem Jahr 1948 kaum beschreiben. Der Mittelmotor-XJ 220 mit seinem waagerechten Kühlergrill reicht dem XK 120 gerade einmal bis zur Motorhaube, und die Oberkante seines Grills liegt niedriger als die Unterkante der 120-Stoßstange.

Gedanken zum Thema Jaguar

Zu den Herausforderungen, denen sich Jaguar, ein Unternehmen, das sich seiner Vergangenheit und seines Erbes wohl bewusst ist, stellen muss, gehört es, sich selbst als relevante und attraktive Marke neu zu erfinden. Für einen Hersteller, der aus dem Reich der qualitativ hochwertigen Technik und der in Holz und Leder schwelgenden Clubatmosphäre kommt, ist es nicht leicht, sich in der High-Tech-Welt von Titan, Kohlefaser und elektronischen Fahrhilfen neu aufzustellen.

Ein Image abzuschütteln, dem man Ewigkeiten verhaftet war, ist keine einfache Aufgabe, aber soll man das wirklich tun? Schließlich hat man sich diesen Ruf hart erarbeitet und er stellt den Urgrund der vom Kunden wahrgenommenen Qualitäten dar.

XK 120 und E-Type zählen heute zwar zu den begehrtesten Oldtimern und werden von Sammlern in aller Welt geschätzt, zu ihrer Zeit waren sie aber auch in technischer Hinsicht Avantgarde. Der XK 120 war modern, high-tech und eines der wenigen Autos, die damals 120 Meilen pro Stunde erreichten. Auch der E-Type stellte einen gewaltigen Fortschritt dar, und die gesamte Branche blickte neidvoll auf den Wagen, als er vorgestellt wurde.

In den letzten 45 Jahren folgten die Jaguar-Sportwagen, mit Ausnahme des 1975 präsentierten XJ-S, dem von Malcolm Sayer entwickelten Styling; der XK 8 hat 1996 dieses Design in leicht wiedererkennbarer Form fortgeschrieben, und der neue XK tat dies 2006. Ist dieser Stil noch zeitgemäß? Hätten Sir William Lyons und Malcolm Sayer auf diese Weise ihren Stil fortgeführt? Diese Frage wird häufig aufgeworfen, lässt sich aber nicht beantworten. Vielleicht aber lässt sich durch einen Blick auf die Geschichte der Jaguar-Sportwagen erahnen, in welche Richtung sie gegangen wären.

In den späten dreißiger Jahren schritt Lyons mutig mit dem SS 100 voran, doch der XK 120 des Jahres 1948 führte das Werk in eine völlig andere Richtung, wieder mit avantgardistischer Technik und atemberaubendem Design. Nach den überarbeiteten XK 140 und 150 stellte der E-Type erneut einen überaus mutigen, kühnen und kreativen Schritt des Werkes war; das Auto orientierte sich in seinem Design an keinerlei Vorbildern, lässt man einmal die Handvoll

D-Types, die für den Motorsport gebaut wurden, außer Acht. Es gab dem Design des Werkes eine völlig neue Richtung.

In den fünfziger und sechziger Jahren vermarktete Jaguar seine Autos unter dem Motto „Grace, Pace and Space" („Anmut, Tempo und Platz"), Begriffe, die modern und für ihre Zeit von Belang waren. Heute spricht man nicht mehr von „Anmut", da der Begriff mit einer verflossenen Ära assoziiert wird, insbesondere im Zusammenhang mit Fahrverhalten und Komfort eines Sportwagens. Eine moderne Neufassung dieses Slogans könnte etwa lauten: „Straßenlage, Ergonomie und Komfort"; dementsprechend sah sich Jaguar vor die Aufgabe gestellt, den Markenruf von Qualität und Clubatmosphäre zu modernisieren. Das jüngste Werbemotto „Fast Beautiful Cars" („Schnelle schöne Autos") passt ohne Zweifel besser in die heutige Welt der gestiegenen Kundenansprüche in Sachen Autofahren und Image.

Die untenstehende Tabelle fasst die Produktionszahlen der jeweiligen Modelle zusammen. Obwohl Links- und Rechtslenker, Coupé und offene Varianten nicht einzeln aufgeführt sind, gewinnt man doch einen Einblick, wie sich die Stückzahlen der Jaguar-Sportwagen entwickelt haben. Der X100 oder XK 8, der von 1996 bis 2005 gebaut wurde, übertraf in der Stückzahl sämtliche Vorgänger, auch den XJ-S, wenn aber der aktuelle XK Jaguar wiederbeleben soll, muss er sich noch einmal besser verkaufen lassen. Wenn es Jaguar bei den Sportwagen um Stückzahlen geht, würde ein wiederbelebter F-Type dem Werk gewiss neue Käuferkreise erschließen, ohne dem Jaguar-Image Schaden zuzufügen. Leider ließ man die Gelegenheit, die sich 2000 mit der F-Type-Studie ergab, ungenutzt verstreichen, und die Entscheidung des Werks, den Markt erst auf dieses neue Modell vorzubereiten und es dann doch nicht zu bringen, hat möglicherweise unter potenziellen Kunden zu Verunsicherung geführt – es gilt das alte Sprichwort:

Stückzahlen der Jaguar-Sportwagen

Modell	Bauzeit in Jahren	1948-1961	1961-1975	1975-1996	1996-2005
XK 120/140/150	12	30.504			
E-Type	13		72.529		
XJ-S	21			115.330	
XK 8	9				90.616
Pro Jahr		2542	5180	5491	10.068

Die Automotive Hall of Fame

Sir William Lyons wurde 2005 in die Automotive Hall of Fame eingeführt, die automobile Ruhmeshalle zu Detroit, die höchste Ehrung, die Automännern in den USA zuteil werden kann. Diese Anerkennung erfahren nur diejenigen, die in entscheidender Weise zur Entwicklung der Branche beigetragen haben, üblicherweise werden jedes Jahr vier bis acht Personen dieserart ausgezeichnet. Sir Williams Enkel, Michael Quinn, ein Patron des Jaguar Daimler Heritage Trust, nahm die Ehrung im Namen seines Großvaters gerne in Empfang.

Der Firmenname Jaguar ist zwar geblieben, das Unternehmen gehörte aber bis vor kurzem dem Giganten Ford. Trotz aller Höhen und Tiefen, die im Laufe der Jahre durchlebt wurden, flößt der Name Jaguar noch immer Respekt ein, wann immer er fällt, und wie man es auch dreht und wendet, ein Stückchen Lyons wird immer in jedem Jaguar stecken. Ein größeres Vermächtnis kann man sich nicht wünschen.

← Diese Statue von Sir William Lyons steht auf dem Jaguar-Grundstück an der Browns Lane in Coventry – angemessene Würdigung eines großen Mannes. Er wurde 2005 in die Automotive Hall of Fame im US-amerikanischen Michigan eingeführt.

↑ **In der Seitenansicht bestimmt die flache Fensterlinie das Design des ganzen Wagens.**

↓ **Der Pressemappe lag auch dieses Bild der F-Type-Studie aus dem Jahr 2000 vor dem Hintergrund des Serie I E-Type Roadster bei. Das zeigt, welchen Einfluss der E-Type auch Jahrzehnte später noch auf die Jaguar-Sportwagen ausübt.**

Gebranntes Kind scheut das Feuer. Vielleicht wird Jaguar ein solches Modell eines Tages doch noch bringen, es wird aber großer Anstrengungen seitens der Produktplaner und der Entwicklungsingenieure bedürfen. Der XK ist nicht das preiswerte Spaßauto, wie es seinerzeit der E-Type war; dafür ist er technisch zu anspruchsvoll und, der Ansicht mancher zufolge, auch einfach zu groß. Es gibt aber einen Markt, der darauf wartet, von Jaguar zur Kenntnis genommen zu werden; das Werk hat die Möglichkeit, wieder einen aufregenden Sportwagen für den echten Fan zu bauen.

Woran bemisst sich der Erfolg eines Sportwagens? Gewiss kann man als Bedingung einen hohen Absatz nennen, die Erfüllung der Verkaufsvorgaben und ein langes Leben auf den Märkten der Welt. Auch ein Kleinserien-Sportwagen kann in aller Welt verkauft werden und Bewunderung ernten. Ein wahrhaft außergewöhnlicher Sportwagen muss aber ein Meilenstein sein, den andere imitieren, dessen Design dem Sportwagen-Styling eine neue Richtung gibt und neue Maßstäbe in der Autobranche setzt.

Der Jaguar E-Type hat alles dies – und noch mehr – erreicht. Das hohe Ansehen, das er genießt, zeigt sich auch in den Äußerungen der derzeitigen Jaguar-Designer, denn all ihren ohrenbetäubenden Versicherungen den Medien und der Öffentlichkeit gegenüber, dass sie keinen neuen E-Type schaffen wollten, haben sie trotzdem noch Sayers Schöpfung ständig im Sinn, als sei der E-Type der Maßstab, an dem sie ihre eigenen Kreationen messen. Sowohl XK 8 als auch XK weisen Details auf, die eindeutig vom E-Type inspiriert sind. Dadurch zollen die Designer dem E-Type das größtmögliche Kompliment. Worte können dem Meisterwerk E-Type, den Malcolm Sayer vor fast 50 Jahren schuf, nicht Genüge tun; Sein Entwurf ist so wichtig und doch so schlicht, dass er auch in der Zukunft eine automobile Messlatte bleiben wird. ■

→ **Der 1954 von Malcolm Sayer geschaffene horizontale „Mund" des D-Type ist auch ein halbes Jahrhundert später beim XK noch anzutreffen.**

„Ein Jaguar sollte eine Linie haben, die vorne beginnt und nach hinten führt, das ist sehr wichtig. Ob Hüftschwung, ob gerade durchgezogen, das ist egal, solange sie dynamisch ist – das sind die Werte, die wir begreifen müssen. Aber diese (neuen) Autos sind anders, und wir müssen deshalb diese Werte in die heutigen Autos integrieren. Die nächste Generation wird sich von der heutigen wegentwickeln.“

Ian Callum – Director of Design, Jaguar Cars

RPM
12
TYPE

5
10
15
20
25
30
35
40
45
50
55
60
SMITHS
6CYL
RPM
X100
WARNING

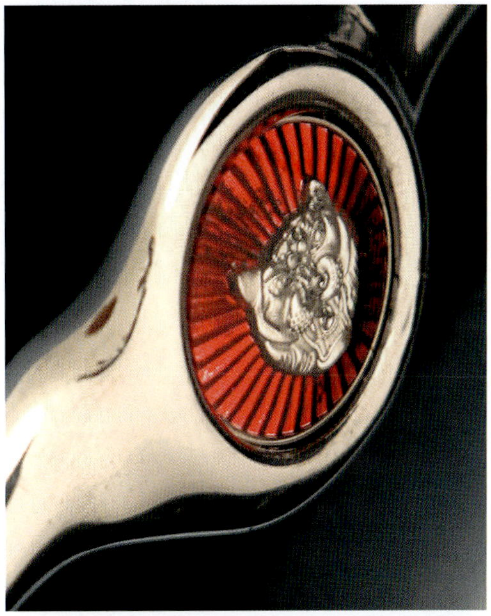

Bibliographie

Porter, Philip: *Jaguar E-Type. The Definitive History.* G.T. Foulis & Co., 1989

Skilleter, Paul: *Jaguar Sports Cars.* Haynes Publishing, 1988

Wood, Jonathan: *The Ultimative History of Fast Cars.* Paragon Books, 2002

Thorley, Nigel: *Jaguar E-Type. A Celebration of the World`s Favourite ´60s Icon.* Haynes Publishing, 2006

Weitere Publikationen und Organisationen

Jaguar Cars (UK), Presse- und PR-Abteilung, Coventry

Jaguar Daimler Heritage Trust, Coventry

Heritage, das JDHT-Magazin – diverse Nummern

Jaguar Journal, Werkszeitschrift

Autocar - diverse Nummern

Road & Track - diverse Nummern

Car and Driver - diverse Nummern

Jaguar Quarterly - diverse Nummern

Motor Parade - Juni 1961

Sunday Times

Design Museum, London – Presse- und PR-Abteilung

Ralph Lauren, New York – Presse- und PR-Abteilung

Refining the Sports Car – Jaguar`s E-Type; Ausstellung im Museum of Modern Art, New York

Museum of Fine Arts, Boston, Presse- und PR-Abteilung

PR-Büro der Universität Loughborough

BBC 2 - *The Culture Show*

Index

INHALT

VORWORT

HANDEL IST WANDEL!

Nur ist der Wandel keine gemütliche Evolution mehr, sondern eine dramatische Revolution. Es lassen sich vier maßgebliche Entwicklungen ausmachen:

1. Der Einzelhandel in Deutschland befindet sich inmitten eines Strukturwandels. Während der stationäre Einzelhandel nur langsam wächst, zeichnet sich der Onlinehandel als klarer Gewinner ab.
2. Digitale Medien lassen neue Gestaltungsmöglichkeiten für die Beziehung zwischen Kunde und Marke zu.
3. Einkaufen dient immer weniger der Bedarfsdeckung und immer mehr der Freizeitgestaltung und dem Erlebnis.
4. Marken, die in der Wahrnehmung der Konsumenten Sinn und Identität stiften, rücken stärker in den Vordergrund.

Steht der deutsche Einzelhandel damit vor dem Aus? Sicherlich nicht, doch der Handel wird in hohem Maße zu Innovationen und Investitionen gezwungen, oder deutlicher ausgedrückt: Er muss sich diesen Herausforderungen stellen, um nicht unterzugehen. Die Ladengeschäfte spielen dabei eine zentrale Rolle. Die Tatsache, dass Ladenbau sich einzig um Möblierung, Beleuchtung und Oberflächen dreht, muss infrage gestellt werden, denn er ist längst in der Marketingzone und der virtuellen Welt angekommen. Die Anforderungen an Ladenbau und Gestaltung haben sich damit genauso grundlegend verändert. Verkaufsraum ist begehbarer Markenraum und bester Botschafter der Marke, hier begegnet der Kunde im Idealfall deren Seele.

Ladenbau muss Geld verdienen

In der Realität des Auftraggebers ist der stationäre Laden Teil seines Vertriebsnetzes. Das besteht in der Regel aus einem oder mehreren Läden, Onlineshop und gegebenenfalls weiteren Händlern, die die Produkte vertreiben. Gleich, welche unterschiedlichen Vertriebswege der Auftraggeber geht, mit hoher Wahrscheinlichkeit ist der Ladenbau dabei eines der teuersten Teile im Puzzle des Markenaufbaus. Hohe Startinvestitionen für die Ladeneinrichtung, die Miete in einer gut frequentierten Lage, Unterhalt, Gehälter der Mitarbeiter und schlussendlich die Ware: Für den Auftraggeber steht finanziell einiges auf dem Spiel. Für ihn muss am Ende der Return on Investment, die Rentabilität stimmen. Letztendlich gilt: Der finanzielle Einsatz muss sich rechnen. Ein erfolgreicher Ladenbau zeichnet sich also einzig durch wirtschaftlichen Erfolg aus.
Dieser Erfolg bemisst sich nicht nur quantitativ an höheren Umsätzen, sondern mittel- bis langfristig auch durch ein verbessertes Markenbild und somit eine Werteigerung der Marke. Denn Umsätze werden nicht nur im Laden gemacht, sondern im ganzen Vertriebsnetz. Das Markenbild, das dem Kunden an jedem einzelnen Point of Sale vermittelt wird, die Customer Journey, beeinflusst die Wahrnehmung des Kunden. So ist das Vertriebsnetz mit seidenen Fäden verbunden und die gegenseitigen Einflüsse – positiv wie negativ – sind manchmal erst nach einem längeren Zeitraum ablesbar, aber in der vernetzten Welt immer vorhanden.

»ICH GEHE JETZT IN DIE STADT UND KAUFE MIR ETWAS GEGEN HALSSCHMERZEN. SCHUHE ODER SO!«

www.visualstatements.net

Die Player und der Planer

Für die Planung eines erfolgreichen Ladenbaukonzepts ist viel Spezialwissen erforderlich. Dabei treffen verschiedene Disziplinen zusammen, die alle gemeinsam für ein eindeutiges Markenbild Verantwortung tragen. Die Aufgabe des Ladenplaners ist hierbei klar definiert: Er muss sämtliche Schnittstellen koordinieren. Das Abwägen der Interessen aller sowie der iterative Planungsprozess führen zu einem gelungenen Ladenbau. Der Planer, in der Regel ist es ein Innenarchitekt, fügt die Teile schließlich zusammen und ist Kommunikationsschnittstelle zwischen den Kompetenzen. Diese Schnittstellenfunktion ist in der Wertschöpfungskette bei der Realisierung ein wichtiger Erfolgsfaktor. Die veränderte Einkaufswelt zwingt ihn in eine neue Rolle, auf die er durch Ausbildung und Studium meistens nicht vorbereitet ist. Auch müssen zur Planung nötige grundlegende Informationen oft überhaupt noch eingefordert werden. Jedoch steckt in jeder Veränderung auch eine Chance. Es wird Zeit, dass sich der Innenarchitekt mit Fachwissen und Erfahrung zu Planung und Bau in die vorderste Reihe stellt und zum wichtigsten Teil der Wertschöpfungskette des Ladenbaus wird: der Schnittstelle zwischen Marke, Planung und Umsetzung.

Vom Briefing zur Bauabnahme

Anhand des Entstehungszyklus von verschiedenen Ladenbauprojekten – vom Briefing bis zur Bauabnahme – zeigt die Publikation diese Schnittstellen auf und benennt die Player mit denen der Planer zusammenarbeitet.
Am Beispiel realisierter Projekte werden Herausforderungen aus der Praxis anschaulich erläutert. Dabei kommen Innenarchitekten, Inhaber, Vertriebs- und Projektleiter zu Wort und geben Einblick in ihre berufliche Praxis im Handel und Ladenbau. Begriffe aus Vertrieb und Marketing gehören dabei zum Handwerkszeug. Das Buch erklärt die Zusammenhänge und erläutert sie. In jedem Kapitel werden die Perspektive des Händlers, die Aufgabenstellung des Ladenplaners, die Rolle von Kooperationspartnern und mögliche Stolpersteine mit entsprechenden Lösungsvorschlägen beschrieben. In Gastbeiträgen beleuchten namhafte Experten die jeweiligen Fachthemen. Dies beginnt beim Briefing, geht über Marktforschung und Storytelling bis hin zum Brandschutz. Gezielt liegt der Fokus eher auf kleineren Verkaufsflächen, da diese der Mehrheit der alltäglichen Ladenbauprojekte gerecht werden. Der Food-Bereich wurde bewusst ausgeklammert, um die Themen überschaubar zu halten.
Der vorliegende Titel verfolgt das Ziel, Praxisbeispiele unter dem Gesichtspunkt einer ganzheitlichen Betrachtung zusammenzustellen und damit Auftraggeber und Planer gleichermaßen anzusprechen – denn der Erfolg beruht letztendlich auf gegenseitigem Verstehen.

Michaela Neugebauer
November 2016

KUNDE UND KONSUM-VERHALTEN 4.0

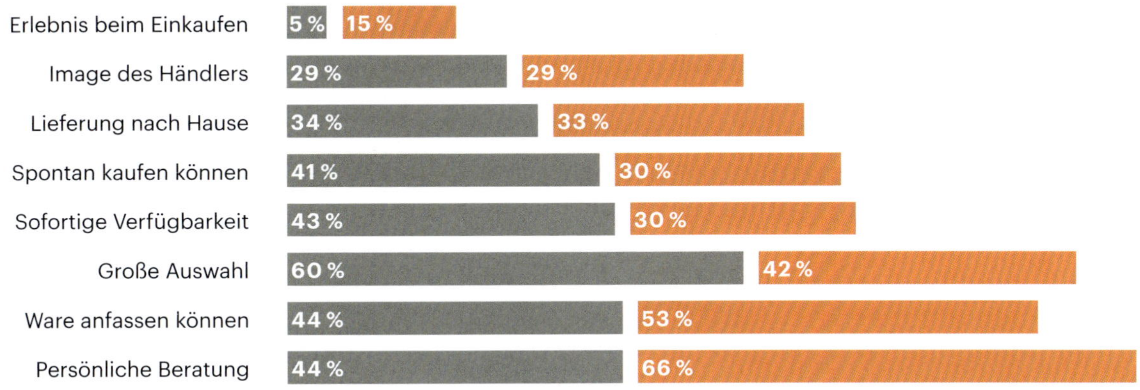

Handelskultur ist seit jeher geprägt von der Kultur der jeweiligen Gesellschaft. Aus ursprünglichen Märkten mit Händlern und Ständen entwickelten sich im Laufe der Zeit Läden und schließlich Kaufhäuser. Im Gespräch und Austausch zwischen Verkäufer und Kunde wurden dessen Bedürfnisse erkannt und Handelsstrategien definiert.
Mit der Industrialisierung des Handels, der seit 1900 mit der Entstehung der ersten Warenhäuser nach immer mehr Wachstum strebte, blieb die persönliche Beratung des Kunden auf der Strecke. Heute kennt kaum ein Händler seinen Kunden persönlich. Das macht es schwer, seine Bedürfnisse zu verstehen und auf ihn einzugehen.
Der Onlinehandel, der seit der Jahrtausendwende immer mehr an Bedeutung gewinnt und dessen Nutzung durch die gleichzeitige Popularisierung von Smartphones und Tablets einem immer breiter werdenden Publikums möglich ist, hat den Point of Sale virtualisiert und die Produkte jederzeit verfügbar gemacht. Der Konsument von heute ist ein absoluter Profi, der alle Informationen über Preise, Verfügbarkeiten und Qualitäten in Sekundenschnelle zur Hand hat. Diese Entwicklung geht nicht ohne Veränderung des Konsumverhaltens einher. Wenn es nur ein paar Klicks braucht, um das angebotene Produkt eines Händlers in Sekunden online zu vergleichen, wird die exklusive Auswahl, die ein Fachgeschäft eigentlich auszeichnet, von zunehmend mehr Kunden als Einschränkung empfunden. Der niedrigste Preis ist oft der einzige Wert, der dem Händler bleibt. Die Produkte, die der Händler in sein Sortiment aufnimmt, bietet ihm die Industrie an. So kommt es zu einer Auswahl des Händlers, reduziert auf das, was er sein Sortiment nennt bzw. er kuratiert es. Das war schon immer so, denn kein Laden ist groß genug, um alle verfügbaren Waren anzubieten. »Das längste Regal der Welt steht im Internet« kolportiert nun die Branche. Alles ist dort uneingeschränkt für alle verfügbar. Doch mittlerweile schlägt das Pendel in die andere Richtung aus: Der saturierte Kunde will nicht mehr das, was alle anderen haben. Begriffe wie »exklusiv«, »besonders«, »einzigartig«, die in der Euphorie des Wirtschaftswunders der 1960er-Jahre in Misskredit geraten sind, weil jeder Zugang zu allem haben sollte, zählen wieder etwas. Der Kunde von heute will als Individuum wahrgenommen werden und Dinge besitzen, die auf ihn persönlich zugeschnitten sind. Die Vielzahl personalisierbarer Produkte, die in den letzten Saisons auf den Markt gebracht wurden, zeugen davon: Von der Handtasche über den Bademantel bis zum T-Shirt kann der Kunde »sein« persönliches Produkt herstellen lassen. So prägen die gesellschaftlichen Entwicklungen den Handel – und doch wird eines dabei immer gleich bleiben: Der Kunde ist ein Mensch, der emotional reagiert und unbewusst handelt.
»Den Kunden kennenlernen« heißt es in der Branche. Um das zu erreichen, sollte der Planer selbst auf die Fläche gehen, denn ein Tag im Laden des Auftraggebers ist gut investierte Zeit, um Bedürfnisse und Verhaltensweisen der Kunden zu studieren und hilft, ein darauf abgestimmtes Ladenbaukonzept zu entwerfen. Klingt einfach und logisch – wird aber selten gemacht. Der Händler wie auch der Planer sollten den Kunden als unverwechselbare Person wahrnehmen, denn wer in Sachen Individualisierung vorankomme, »der hat den Stein der Weisen gefunden«, so ein Branchenkenner.

links Vergleich Onlinehandel versus stationärer Handel, 2015
oben Erwartungen beim Einkaufen, Kunden zwischen 19 und 29 Jahren (■) sowie ab 60 Jahren (■)

links Eine erfolgreiche Customer Journey entsteht nicht allein im Geschäft. Erst wenn die Markenbotschaft für den Kunden an allen Touchpoints on- und offline spürbar wird und alle Kanäle ineinandergreifen, kann ein außergewöhnliches Markenerlebnis entstehen.
unten Onlinekäufe nach Warengruppen in Deutschland, Umsätze in Mio. Euro inkl. USt. (2015)

»Der Kunde, das unbekannte Wesen.«
Pia Betton, Edenspiekermann

Mittlerweile kauft mehr als jeder zweite Deutsche Waren online – Tendenz steigend. Und außer Benzin kann man wohl so ziemlich alles im Internet erwerben. Wozu dann noch Läden? Diese Frage müssen sich auch Einzelhändler zunehmend stellen. Im Rahmen von Projektstudien werden dafür Kunden (tatsächliche und potenzielle) beobachtet, befragt, beim Einkauf begleitet und zu Hause besucht. Sie geben die unterschiedlichsten Motive an: Zeit für sich selbst haben, schnell die Mittagspause nutzen, mit der Freundin, Mutter oder Schwester gemeinsam schöne Dinge entdecken, Produkte anfassen, fühlen, riechen und sofort mitnehmen, in eine andere Welt eintauchen können etc. Kundenbedürfnisse sind so vielfältig wie der Kunde selbst und gehen weit über das Produkt hinaus.
Klar ist, DEN Kunden gibt es nicht, aber alle Kunden haben die Wahl zwischen einem Kauf online und offline und zwischen vielen Anbietern. War es noch vor zehn Jahren insbesondere in der Provinz der Normalzustand, sich zwischen dem regionalen kleinen Geschäft und der Kette zu entscheiden, ist der Markt für den Kunden heute weitaus vielfältiger. Für viele Händler wird das am deutlichsten im kontinuierlichen Verlust der Stammkunden bemerkbar.

Die gängige Einteilung nach Zielgruppen bildet die tatsächliche Diversität nicht ab, der Kontostand oder auch das Alter sagt wenig darüber aus, ob der Kunde sich für einen spezifischen Händler und genau dieses Geschäft entscheidet. Sogenannte Personas hingegen stellen den Prototyp für eine Gruppe von Nutzern oder Kunden mit einem spezifischen Nutzungsverhalten dar. In der Regel filtert man in der Research

Phase mehrere Personas heraus, die ein Gerüst für alle Firmenaktivitäten von der Produktauswahl über Marketingaktivitäten hin zur Ladengestaltung bilden.
Die Fragen, die sich daraus ergaben, waren »Was ist all diesen Personengruppen gemein?«, »Wie lassen sich die Bedürfnisse erfüllen, und wie können die einzelnen Personas angesprochen und wieder zu Stammkunden werden?«. Um ein konkretes Beispiel zu nennen: Ein Bedürfnis, das sich bei fast allen Kunden fand, ist das schnelle, intuitive Zurechtfinden. Daraus ergab sich die intensive Beschäftigung mit der Ladenaufteilung und möglichen Leitsystemen. In einem idealen Laden finden sich die Kunden zurecht, egal ob sie nach Marke, Stil oder einem bestimmten Modell suchen und fühlen sich gleichzeitig wohl. Eine entscheidende Rolle spielt dabei natürlich das Verkaufspersonal.

DAS WISSEN DES UNTERNEHMENS NUTZEN

Was wäre ein Laden ohne Verkäufer? Sie sind das lebende Wissen und auch sie haben Bedürfnisse. In vielen Fällen lassen sich die gewonnenen Erkenntnisse zum veränderten Konsumentenverhalten direkt überprüfen. Die Rolle der Verkäufer musste neu gedacht werden, von der Orientierungshilfe, die das gewünschte Kleidungsstück in der passende Größe beschafft, hin zur persönlichen Shoppingbegleitung. Ein Experte, der auf die Bedürfnisse der Kunden reagieren kann. Um das zu leisten, muss sich auch die Logik und Gestaltung des Ladens verändern.
Eine überzeugende Ladengestaltung gelingt, wenn alle Unternehmensbereiche ihr Wissen und ihre Bedürfnisse einbringen können. Mit den Mitarbeitern aller Abteilungen – Marketing, Design, Logistik und Verkauf – an einem Tisch entstehen neue Lösungen. Diese Ladenkonzepte sollen vor allem die Kunden positiv überraschen. Dazu ist aber auch die Neuausrichtung der Arbeitsabläufe im Unternehmen und im Laden notwendig. Einer der wichtigsten Faktoren ist der gekonnte Einsatz neuer Technologien. Damit lassen sich Laufwege dezimieren oder gewünschte Informationen sofort im Beisein der Kunden abrufen. Orientierung kann flexibel und jederzeit veränderbar gestaltet werden. Die Kunden haben im Internet ein neues Konsumentenverhalten gelernt, das digitalisierte Ladengeschäft kann vieles davon auch. Wäre es nicht schön, sofort und ohne langes Fragen zu wissen, wo die 15 verschiedenen Paar Schuhe stehen, die genau zu dieser Hose passen?

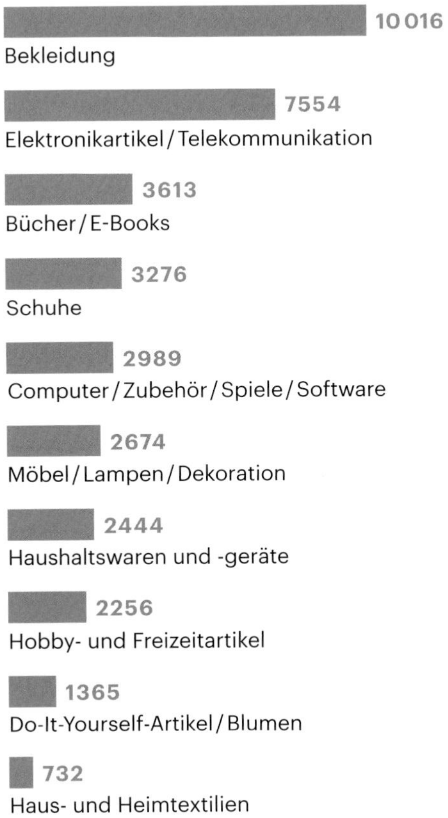

Das jedenfalls wünschen sich viele Kunden nicht nur online, sondern auch im Laden, denn das Internet ist ständiger Begleiter. Das Smartphone ist Vergleichsportal und zugleich Stilberater dank Chat mit der Freundin. Und doch gibt es einen gegenteiligen Trend: Große Onlineshops »leisten« sich Ladengeschäfte. Denn nur hier können alle Sinne angesprochen und ein ganz einzigartiges Erlebnis für die Kunden geschaffen werden.

SHOP, LADEN, APP – EGAL

Und das gelingt noch besser, wenn auch alle anderen Touchpoints (E-Commerce-Plattform, Flyer, Onlinebanner, Kundenmagazin, Hotline etc.) zusammen gedacht werden. Für den Retailer gilt es, die Customer Journey zu gestalten, also eine angenehme Reise für den Kunden (siehe »Customer Journey«, S. 15f.). Und da ist es egal, welchen Kanal dieser gerade wählt. Omnichannel ist das neue Zauberwort. Für die Unternehmen heißt das, überholte Strukturen aufzubrechen, voneinander zu lernen und miteinander zu gestalten. Die ersten Versuche mit Onlinebestellungen, die man offline abholt, sind dabei nur ein Anfang. Durch neue Angebote werden sich logistische Abläufe und Ladendesign verändern.
Apps und plattformübergreifende Loyalitätsprogramme schaffen Möglichkeiten, mit den Kunden jederzeit in Verbindung zu bleiben. Auch hier gilt es weiterzudenken, denn nicht alle Menschen benötigen noch ein Messerset oder eine virtuelle Punktesammlung. Innovativ gedachte Loyalitätsprogramme ziehen mit maßgeschneiderten Vortei-

ALTERSGRUPPE	14–29 Jahre	30–39 Jahre	40–49 Jahre	50–59 Jahre	60+ Jahre
Internetseite des Händlers	65%	74%	67%	66%	51%
Suchmaschine	21%	21%	18%	22%	16%
Katalog des Händlers	14%	12%	16%	20%	32%
Internetseite eines anderen Händlers	16%	19%	16%	17%	11%
Produktvergleichsportal	9%	10%	10%	13%	8%
Herstellerseite	5%	6%	7%	7%	4%
Internetforen/Blogs	7%	6%	5%	4%	3%
TV	3%	3%	3%	4%	7%
Soziale Netzwerke	6%	3%	4%	2%	2%
Katalog eines anderen Händlers	3%	3%	3%	3%	5%
Andere Werbung	6%	3%	3%	1%	2%
App auf Smartphone oder Tablet	5%	3%	2%	1%	0%
E-Mail oder Newsletter	2%	2%	3%	3%	3%
Postwurfsendung	1%	2%	2%	3%	3%

len die Kunden an und bringen sie zurück in das Ladengeschäft: eine Win-Win-Lösung für beide. Einmal im Laden angekommen, lassen sich viele Kunden zu einem Impulskauf hinreißen, wenn die Atmosphäre, die Produktpalette, die Ansprache – kurz das Erlebnis stimmt.

In vielen Fällen sind die einzelnen Touchpoints (Laden, Onlineshop, Kundenhotline, Flyer) in sich stimmig. Jedoch wird der Weg vom einen zum anderen oft aus den Augen verloren. Der Kunde möchte sich nicht darum kümmern müssen, dass seine Onlinedaten im Shop ankommen. Er setzt voraus, dass alles, was er bereit ist, dem Unternehmen zu geben, dort auch vorhanden ist und er gut bedient wird. Für die Retailplanung liegt hier das Potenzial, die entsprechenden Schnittstellen zu integrieren (siehe »Der digitale POS«, S. 68ff.).
Das überzeugende Kundenerlebnis ist über alle Kanäle und auch im Laden der Weg zum Erfolg. Im Geschäft gilt es, hierzu das für die Marke passende Erlebnis nicht nur gestalterisch umzusetzen, sondern auch die Prozessabläufe und Kundengewohnheiten einzubinden. Viele Läden bieten heute mehr als nur den puren Verkauf – Supermärkte bieten Abholstationen, Buchläden Kaffee. Oft können Stammkunden an Events teilnehmen und so z. B. bei einer Whiskey-Verkostung Einblicke in die Lederverarbeitung erhalten. Der Laden muss den Rahmen dafür schaffen.

DIE MARKE ODER DIE SUCHE NACH DER AUTHENTIZITÄT

Bleiben den Kunden viele solche guten, angenehmen und manchmal sogar einzigartigen Erlebnisse in Erinnerung, prägt sich auch die Marke dahinter ein. Der große Anspruch nach außergewöhnlichen Momenten und Eindrücken mag abschrecken. In den meisten Fällen ist viel weniger notwendig. Wenn der Verkäufer mich begrüßt und weiß, wie ich meinen Kaffee trinke, ist das ein guter Start in den Morgen.
Gerade bei der Überladung mit Wahlmöglichkeiten sehnen sich viele Kunden nach Verlässlichkeit, danach, nicht entscheiden zu müssen. Schön ist es dann, wenn ich weiß, wo und wie ich meine Bedürfnisse erfüllen kann, und es mir obendrein gut dabei geht. Eine Wahl weniger für den Kunden erhöht die Wahrscheinlichkeit, dass er wieder kommt. Im Umkehrschluss heißt das aber auch: Schaffen es Marken nicht zu überzeugen, ist der Kunde weg. Die Markenloyalität schwindet, aber die Suche nach der besten Erfahrung bleibt.
Dieses Versprechen, eine in allen Punkten gelungene Costumer Journey zu gestalten, können Marken angehen. Vorteilhaft ist es, wenn man dabei nicht blind in der Luft umherstochert. Wenn man die eigenen Kunden kennt, kommuniziert es sich viel leich-

oben Informationsquellen, die Kunden vor der Onlinebestellung genutzt haben.
rechts oben Bestellverhalten von Kunden, die sich im Laden informiert und anschließend online bestellt haben.
rechts unten Das neue chinesische Schmucklabel Dada bedient die Wünsche und Sehnsüchte einer jungen, weiblichen Zielgruppe auf der Suche nach Identität und Zerstreuung. Die Stuttgarter Kreativen entwickelten für Dada ein übergreifendes Markenkonzept, das von der Ladengestaltung über das Corporate Design bis hin zum Webauftritt reicht. Juwelierladen in Peking (CN), Ippolito Fleitz Group